科學少年學習誌

編／科學少年編輯部

科學閱讀素養
地科篇 **4**

遠流

科學少年
科學閱讀素養 地科篇 4　目錄

課程連結表

文章主題	文章特色	搭配108課綱（第四學習階段 — 國中）	
		學習主題	學習內容
移民火星	介紹未來發展移民火星計畫時，人類需要克服的種種困難，並藉由認識火星的地質、大氣組成，與我們居住的地球相比較，有助於更了解火星的面貌。	物質系統（E）：力與運動（Eb）	Eb-Ⅳ-1力能引發物體的移動或轉動。 Eb-Ⅳ-9圓周運動是一種加速度運動。 Eb-Ⅳ-13對於每一作用力都有一個大小相等、方向相反的反作用力。
		地球環境（F）：組成地球的物質（Fa）；地球與太空（Fb）	Fa-Ⅳ-1地球具有大氣圈、水圈和岩石圈。 Fa-Ⅳ-3大氣的主要成分為氮氣和氧氣，並含有水氣、二氧化碳等變動氣體。 Fa-Ⅳ-4大氣可由溫度變化分層。 Fb-Ⅳ-1太陽系由太陽和行星組成，行星均繞太陽公轉。 Fb-Ⅳ-2類地行星的環境差異極大。
		自然界的現象與交互作用（K）：萬有引力（Kb）	Kb-Ⅳ-2帶質量的兩物體之間有重力，例如萬有引力，此力大小與兩物體各自的質量成正比、與物體間距離的平方成反比。
太空垃圾何去何從？	認識何謂太空垃圾，以及它們可能對地球造成的危機。同時介紹人類目前想出可以清除太空垃圾的方法。	物質系統（E）：力與運動（Eb）	Eb-Ⅳ-9圓周運動是一種加速度運動。
		地球環境（F）：組成地球的物質（Fa）；地球與太空（Fb）	Fa-Ⅳ-3大氣的主要成分為氮氣和氧氣，並含有水氣、二氧化碳等變動氣體。 Fa-Ⅳ-4大氣可由溫度變化分層。 Fb-Ⅳ-1太陽系由太陽和行星組成，行星均繞太陽公轉。
		自然界的現象與交互作用（K）：萬有引力（Kb）	Kb-Ⅳ-2帶質量的兩物體之間有重力，例如萬有引力，此力大小與兩物體各自的質量成正比、與物體間距離的平方成反比。
古文裡的天文學	中國人利用月球的運行與季節變化創造出農曆，也創造出三垣二十八宿的系統，因此在古文裡，留下不少天文奇觀的紀錄。	物質系統（E）：宇宙與天體（Ed）	Ed-Ⅳ-1星系是組成宇宙的基本單位。
		地球環境（F）：地球與太空（Fb）	Fb-Ⅳ-1太陽系由太陽和行星組成，行星均繞太陽公轉。
熱力四射的太陽	隨著太空科學的發展，人們觀察並計算出太陽就如同宇宙中千萬個恆星一樣，經歷過出生、成熟、老化，最終也會走向燃燒殆盡的結局。	物質的組成與特性（A）：物質組成與元素的週期性（Aa）	Aa-Ⅳ-3純物質包括元素與化合物。
		物質的結構與功能（C）：物質的結構與功能（Cb）	Cb-Ⅳ-1分子與原子。
		物質系統（E）：宇宙與天體（Ed）	Ed-Ⅳ-1星系是組成宇宙的基本單位。
水資源大作戰	臺灣年平均雨量是世界平均值的2.8倍，然而由於地形以及雨季分布不均，時常會面臨缺水危機，本文介紹如何更有效率的運用水資源。	資源與永續發展（N）：永續發展與資源的利用（Na）	Na-Ⅳ-6人類社會的發展必須建立在保護地球自然環境的基礎上。 Na-Ⅳ-7為使地球永續發展，可以從減量、回收、再利用、綠能等做起。
		全球氣候變遷與調適：氣候變遷之影響與調適（Nb）	INg-Ⅳ-8氣候變遷產生的衝擊是全球性的。
終極天災：大地震與海嘯	介紹地震的成因、規模與震度，以及地震有時會造成海嘯的原因，同時了解科學家如何預測地震。	變動的地球（I）：地表與地殼的變動（Ia）	Ia-Ⅳ-4全球地震、火山分布在特定的地帶，且兩者相當吻合。
		科學、科技、社會與人文（M）：天然災害與防治（Md）	Md-Ⅳ-4臺灣位處於板塊交界，因此地震頻仍，常造成災害。
為垃圾找新生	認識「從搖籃到搖籃」的物資循環使用概念。	資源與永續發展（N）：永續發展與資源的利用（Na）	Na-Ⅳ-6人類社會的發展必須建立在保護地球自然環境的基礎上。 Na-Ⅳ-7為使地球永續發展，可以從減量、回收、再利用、綠能等做起。

導讀 科學 × 閱讀 二

閱讀是人類學習的重要途徑，自古至今，人類一直透過閱讀來擴展經驗、解決問題。到了 21 世紀這個知識經濟時代，掌握最新資訊的人就具有競爭的優勢，閱讀更成了獲取資訊最方便而有效的途徑。從報紙、雜誌、各式各樣的書籍，人只要睜開眼，閱讀這件事就充斥在日常生活裡，再加上網路科技的發達便利了資訊的產生與流通，使得閱讀更是隨時隨地都在發生著。我們該如何利用閱讀，來提升學習效率與有效學習，以達成獲取知識的目的呢？如今，增進國民閱讀素養已成為當今各國教育的重要課題，世界各國都把「提升國民閱讀能力」設定為國家發展重大目標。

另一方面，科學教育的目的在培養學生解決問題的能力，並強調探索與合作學習。近年，科學教育更走出學校，普及於一般社會大眾的終身學習標的，期望能提升國民普遍的科學素養。雖然有關科學素養的定義和內容至今仍有些許爭議，尤其是在多元文化的思維興起之後更加明顯，然而，全民科學素養的培育從 80 年代以來，已成為我國科學教育改革的主要目標，也是世界各國科學教育的發展趨勢。閱讀本身就是科學學習的夥伴，透過「科學閱讀」培養科學素養與閱讀素養，儼然已是科學教育的王道。

對自然科老師與學生而言，「科學閱讀」的最佳實踐無非選擇有趣的課外科學書籍，或是選擇有助於目前學習階段的學習文本，結合現階段的學習內容，在教師的輔導下以科學思維進行閱讀，可以讓學習科學變得有趣又不費力。

素養十樂趣！

撰文／陳宗慶

　　我閱讀了《科學少年》後，發現它是一本相當吸引人的科普雜誌，更是一本很適合培養科學素養的閱讀素材，每一期的內容都包括了許多生活化的議題，涵蓋了物理、化學、天文、地質、醫學常識、海洋、生物……等各領域有趣的內容，不但圖文並茂，更常以漫畫方式呈現科學議題或科學史，讓讀者發覺科學其實沒有想像中的難，加上內文長短非常適合閱讀，每一篇的內容都能帶著讀者探究科學問題。如今又見《科學少年》精選篇章集結成有趣的《科學閱讀素養》，其內容的選編與呈現方式，頗適合做為教師在推動科學閱讀時的素材，學生也可以自行選閱喜歡的篇章，後面附上的學習單，除了可以檢視閱讀成果外，也把內文與現行國中教材做了連結，除了與現階段的學習內容輕鬆的結合外，也提供了延伸思考的腦力激盪問題，更有助於科學素養及閱讀素養的提升。

　　老師更可以利用這本書，透過課堂引導，以循序漸進的方式帶領學生進入知識殿堂，讓學生了解生活中處處是科學，科學也並非想像中的深不可測，更領略閱讀中的樂趣，進而終身樂於閱讀，這才是閱讀與教育的真諦。🄯

作者簡介

陳宗慶　國立高雄師範大學物理博士，高雄市五福國中校長，教育部中央輔導團自然與生活科技領域常務委員，高雄市國教輔導團自然與生活科技領域召集人。專長理化、地球科學教學及獨立研究、科學展覽指導，熱衷於科學教育的推廣。

移民‧火星

如果有一天，我們要離開地球，
到另一個星球建立第二個家，
會面對哪些困難？
又該如何克服？

撰文／趙士瑋

大家好！我是**好奇號**，我現在正在火星上，為人類探測火星的真實情況，並定時把資料傳回地球喔！

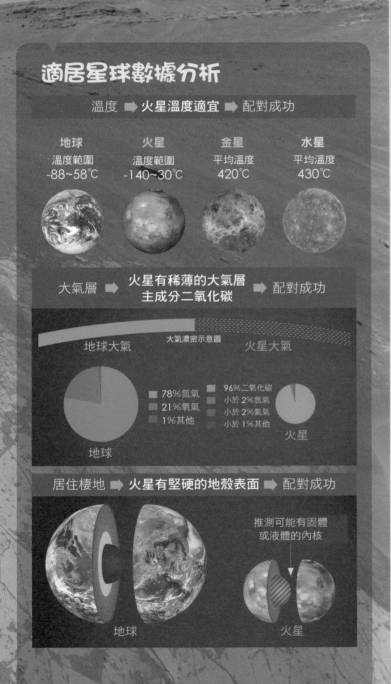

適居星球數據分析

溫度 ➡ 火星溫度適宜 ➡ 配對成功

地球	火星	金星	水星
溫度範圍	溫度範圍	平均溫度	平均溫度
-88~58℃	-140~30℃	420℃	430℃

大氣層 ➡ 火星有稀薄的大氣層 主成分二氧化碳 ➡ 配對成功

大氣濃密示意圖

地球大氣　　　　　　　　　火星大氣

地球
- 78%氮氣
- 21%氧氣
- 1%其他

火星
- 96%二氧化碳
- 小於2%氮氣
- 小於2%氬氣
- 小於1%其他

居住棲地 ➡ 火星有堅硬的地殼表面 ➡ 配對成功

推測可能有固體或液體的內核

地球　　　　　　　火星

常常看到新聞上又是氣候變遷，又是環境汙染的，會不會有一天，地球變得沒辦法住人了呢？當然，我們都不希望那一天真的來臨，但是為了未雨綢繆，也為了把人類的足跡拓展到宇宙更遠的角落，科學家從很久以前就開始計劃一勞永逸的解決方法：搬家到另外一個星球！

那麼去哪個星球好呢？金星？超級濃厚的大氣導致平均溫度高達 400 多度，連探測都困難了，不考慮！水星？太陽系中距離太陽最近的行星，別說溫度也是高達好幾百度，甚至是連大氣層都沒有！月球呢？月球也沒有大氣層，而且離地球較近，一旦遇到天大的災難，也躲不過⋯⋯

於是各國太空單位的首要目標，是地球相近的鄰居——火星，美國航太總署（NASA）更喊出要在 2030 年前把第一批居民送上去！聽起來很美好，但是火星畢竟不像地球這麼舒適，從搭上太空船那一刻起，任何一個環節出了差錯都會導致嚴重的後果。就讓我們用火星定居做為例子，看看人類要在險惡的外星球另起爐灶，得解決哪些難題。

火星長征

宇宙是一個非常遼闊的地方，即使是前往鄰近的火星，我們也需要花上一年半載，前往外星球的移民必須要在太空船裡平安度過旅程的每一天，不僅糧食、水、氧氣等必要補給品得準備充足，人類生存所消耗的資源可是非常驚人的，再加上大半年封閉在太空船中衍生的心理問題，都是準備長途太空旅行之前必須審慎思考的。

以繞行太陽的軌道來看，火星位置距離地球最短也要 5500 萬公里，就算採用搭載核能引擎的太空船，至少要飛行 6～8 個月之久才有辦法抵達，這樣的長途旅行還得有適合人類生存的空間。目前充氣式太空艙已在國際太空站運作成功，屆時能夠解決長征火星的太空人生活起居的問題。

當前最困難的課題是人體在無重力的太空環境下，肌肉會萎縮、骨骼會退化，體內的液體會集中在上半身，內臟會變形晃動，腦內壓力增大，擠壓眼球導致視力模糊等，這些情況仍待解決。

行程規劃是另一項課題，畢竟不可能從地球一鼓作氣飛過去，現在各國對於前進火星有許多方案，有的甚至宣稱幾年內要帶 100 萬人上火星。NASA 推出前進火星三階段：第一階段在近地球軌道的國際太空站完成所有測試，同時發射大型火箭前往月球探測；第二階段就是在月球上打造太空基地，同時派出前導部隊前往火星；第三階段在火星衛星上建立探測站，這時前導部隊也在火星上建好初步基地，第一批移民才能浩浩蕩蕩搭乘運輸火箭，抵達火星。

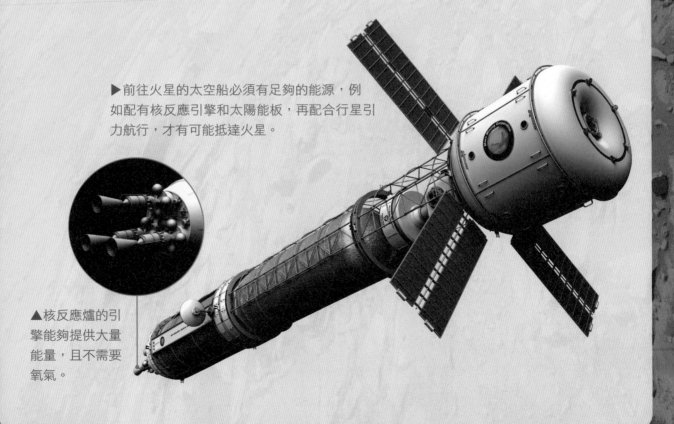

▶前往火星的太空船必須有足夠的能源，例如配有核反應引擎和太陽能板，再配合行星引力航行，才有可能抵達火星。

▲核反應爐的引擎能夠提供大量能量，且不需要氧氣。

NASA 前進火星三階段

火星

月球基地

建立火星監測站

小行星計畫

第一批移民
前進火星

接受近地軌道
上的商業合作

前導部隊
前往火星

在國際太空站上建
立火星移民實驗室

地球

| 依靠地球資源 6~8 個月 | 提供中繼基地 1~12 個月 | 前進火星 2~3 年 |

有生活機能的太空艙

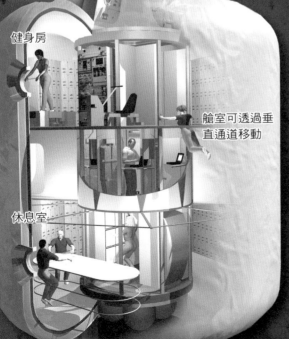

健身房

艙室可透過垂
直通道移動

休息室

在無重力下人體的改變

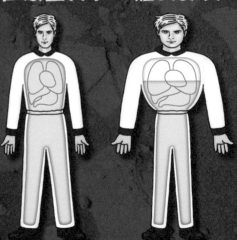

▲人體長期在無重力的情況會導致體內液體的不平衡，
上半身的體液量會增加、內臟膨大、腿部萎縮、腦顱
內壓力變大而擠壓到眼球。

◀目前規劃出充氣型太空艙，充氣後有幾個艙室可使
用，太空人在前往火星的漫漫長路，就有活動的場所。

用 3D 列印
建造出居住艙

壓艙隔離室

太陽能板供應能源

初期火星基地

抵達時利用太空船的艙室做為生存艙，太陽能板
也能再使用，還能用 3D 列印打造艙室。

打造火星基地

好不容易經過漫長的太空船旅行，到達火星，順利降落之後，大家要住在哪裡？火星上的溫度對於人類而言仍舊偏低，也因大氣較稀薄所以太陽輻射線強烈，人類戶外活動仍須穿著太空衣才安全，居住的艙室也要有保護的功能才行。

初期可利用太空船的艙室改造成居住艙，利用太空船的設備打造壓力艙，住起來更接近地球般的舒適，還可以利用 3D 列印建造出居住的艙室，但如果要開始在外星上過著「正常的生活」，遲早得踏上地面，建立可以長期居住的基地。

接下來就是尋找適合建造長期基地的地點，NASA 推出移動式探險車，車廂能充氣形成一個臨時居住艙，這艙室外層有一層水會結成冰，除了能供應探險隊水源，既可保暖又能阻絕太陽輻射線，這樣的「冰屋」對尋找基地也有很大的幫助。

探險隊尋找的外星基地必須是有遮蔽功能的，以火星來說，無人探測車、飛行器勘察地表後，找到了一些大型的凹穴。有科學家建議把外星基地設置在這些凹穴中，不僅有更多的防護，安全性較高，環境溫度也較穩定。火星大氣中富含二氧化碳、溫室效應強，日夜溫差都逼近 80℃；在大氣較為稀薄的星球而言，尋找如天然洞穴這樣相對恆溫的環境，可說至關重要。

另外目前已知火星有許多地層含有地下冰層，因此長期基地最好能建立在這樣的地層上，可提供基地的水源。只要確認種種條件後，就能開始打造適合居住的生存基地。

移動探測車

尋找建造基地的地點

NASA 開發出的冰屋是充氣圓頂生存艙，周圍是一層水冰，能夠有效隔離火星上的輻射線，還有儲存水的功能。

打造長期
地下居住基地

火星有許多地底凹穴，把基地建在這裡可以保暖和免於太陽輻射線，還能進一步尋找含冰岩層，解決水源難題。

食物、水和氧氣

即使帶了再多糧食，甚至預先用無人任務存放糧食在預定駐紮的地點，食物總是會有吃完的一天。要在外星球上永續生活，就必須要自己生產食物，也就是種植農作物。

要種什麼？怎麼種呢？以火星來說，表面大多是堅硬的岩石，即使因為風化變成碎屑狀，也不像地球上的土壤中有豐富的礦物質提供植物生長的養分。或許可以從地球攜帶一些土壤，但經過幾次種植後，流失的營養要如何填補？如果你看過電影《絕地任務》，一定知道主角的解決方法──善用

我們吃下這些作物之後排出的「高營養堆肥」！在時間和人力成本都得斤斤計較的外星基地，人體堆肥固然可行，但主要還是以不用花時間處理堆肥的水耕溫室為優先。

說到水，更是外星生活的一大問題。人類就算完全不進食，勉強能存活兩週以上，但無水可喝，大約只能維持三天。目前發現火星上是有水的，甚至在某些地區有液態水存在，只是要經過一些「特殊手段」轉化才能飲用，例如將可能存在的液態鹽水蒸餾使用，或加熱有含冰層的土壤，收集水蒸氣再降溫凝結。

圖片來源：達志影像、NASA、Pixabay

作物栽種

供應光照能源

太陽能板

提供
作物水源

尋找地表 50 公分以內有含冰的土壤

人類需要呼吸氧氣才能生存下去，因此也需要解決氧氣的供應，既然有種植蔬菜，而植物行光合作用就會產生氧氣；如果不夠人類使用，還可以將水電解，產生氧氣和氫氣，氫氣還能當成燃料加熱冰層。

到了種種資源都不易取得的外星球，生存的關鍵就是把基地封閉系統裡的每一項資源收集、循環利用、發揮最大的價值。從人呼出空氣中所含的微量水蒸氣，到排泄物中的養分，所有資源都會以超過 99％的效率回收再利用，以此建立完整的系統，每一個環節都是為了能長久居住在火星上！

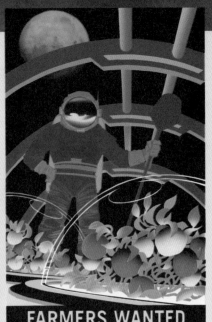

▲電影《絕地救援》中，NASA 徵人前往火星的海報上，也標榜要會「種菜」。

水資源循環使用

水 H_2O

電解水

提供飲用水

提供食物、氧氣

氧氣 O_2

氫氣 H_2

太陽能板

排泄、呼出的氣體再利用

提供氧氣

提供水源

做為燃料加熱含水土壤

複合式火星基地

如果要能長久舒服的居住，火星基地內需要有可以供人休閒和放鬆的設施。

健身房

養雞

養魚

水耕蔬菜

有電視的
休憩場所

火星——另一個家

　　解決了生存條件後，接下來是要住得舒服、吃得開心，在基地內打造休閒活動的場所。不想一直吃素，那可以養雞、養魚等。利用太陽能板固然環保，但能源的供應隨著人類生活設備的提升後可能不足，如果想要拓展居住基地的規模，則必須順應星球本身的特性，開發其他取得能源的管道，像是火星上的地熱資源。

　　説到這裡，其實不過是解決了外星生活中「大致的」問題，第一批外星移民每天生活還要面對無數突發狀況與挑戰！人類要真正變成一個跨星球的物種，還有很長的一段路要走！

遠程目標——火星地球化

　　NASA 曾在美國召開火星移民研究國際會議，希望能透過改造火星環境，讓火星逐漸地球化。當人類在火星上居住一陣子後，利用土地中富含的鐵和矽製作出大型的玻璃罩，也就是能抵擋宇宙輻射的溫室，便能開始大量種植植物，改善防護罩內的空

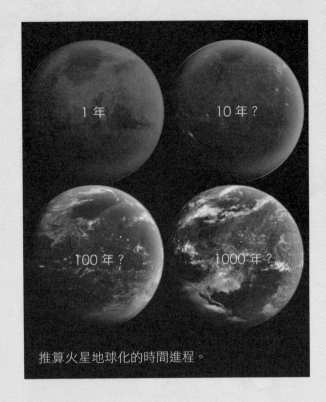

1 年　　　10 年？

100 年？　　　1000 年？

推算火星地球化的時間進程。

氣組成。種植愈多的植物就愈能改善火星的空氣，爾後就可以開始繁殖動物。在地表上散布種植固沙的菌類和地衣，也可改善沙塵暴並增加土壤的養分。

　　水源則可以透過大量溶解地下凍土層，並將水引至地表，雖然一開始仍會結冰，但隨著植被增加，地表溫度也會漸漸上升，屆時便能在地表造出河流。

　　聽起來是否覺得不可思議？人類目前還沒能登陸火星，儘管有許多困難待解決，相信科學家會帶領我們一關一關克服，未來踏上火星的土地，生根茁壯。　　

作 者 簡 介

趙士瑋　目前任職專刊律師事務所，與科技相關的法律問題作伴。喜歡和身邊的人一起體驗科學與美食的驚奇，站上體重計時總覺得美食部分需要克制一下。

圖片來源：NASA、Wikimedia Commons

移民火星

國中地科教師　姜紹平

主題導覽

　　科學家在接續成功把人類送上月球之後，經過了長時間的努力，終於著手規劃並開發一系列移民火星的研究計畫。想要移民火星，除了要克服長程太空旅行對人體造成的影響之外，還得知道如何探索火星的環境，期望人類最終可以在火星建立起適合居住與生存的基地。

　　〈移民火星〉介紹了在發展移民火星的計畫時，人類需要克服的種種困難，同時介紹了火星的地質、大氣組成，並且與我們居住的地球比較，能更了解地球以外的好鄰居──火星的面貌。閱讀後你可以透過「關鍵字短文」和「挑戰閱讀王」，檢測自己是否理解移民火星的相關知識。

關鍵字短文

　　〈移民火星〉文章中提到許多重要的字詞，試著列出幾個你認為最重要的關鍵字，並以一小段文字，將這些關鍵字全部串連起來。例如：

關鍵字：1. 太陽能　2. 核融合動力引擎　3. 國際太空站　4. 放射性元素　5. 地熱

短文：科學家對於火星的大氣組成，以及火星地表的地質狀態已有較多認識，但如何順利的將人類從地球送上火星，仍然是很大的挑戰。科學家正在研發搭載太陽能板與核融合動力引擎太空船的方法，並且搭配現有的國際太空站作為中繼點，規劃前往火星的最佳旅程。他們也發現，火星內部有放射性元素衰變產生的地熱資源，還可能是人類在火星上最佳的能量來源。

關鍵字：1.＿＿＿＿＿　2.＿＿＿＿＿　3.＿＿＿＿＿　4.＿＿＿＿＿　5.＿＿＿＿＿

短文：＿＿＿＿＿＿＿＿＿＿＿＿＿＿＿＿＿＿＿＿＿＿＿＿＿＿＿＿＿＿＿＿＿

＿＿＿＿＿＿＿＿＿＿＿＿＿＿＿＿＿＿＿＿＿＿＿＿＿＿＿＿＿＿＿＿＿＿＿＿

＿＿＿＿＿＿＿＿＿＿＿＿＿＿＿＿＿＿＿＿＿＿＿＿＿＿＿＿＿＿＿＿＿＿＿＿

挑戰閱讀王

看完〈移民火星〉後，請你一起來挑戰以下題組。

答對就能得到👍，奪得 10 個以上，閱讀王就是你！加油！

☆人類從遠古時期就觀察到火星、金星等太陽系行星，並發現它們與其他行星有所
　不同，請試著回答下列關於太陽系內行星的問題。

（　　）1.以下哪一個行星的大氣層最為稀薄，甚至沒有大氣的存在？
　　　　　（答對可得 1 個👍）
　　　　　①金星　②水星　③地球　④火星

（　　）2.以下哪個行星距離地球最近？（答對可得 1 個👍）
　　　　　①月球　②水星　③火星　④木星

（　　）3.為什麼金星與太陽的距離比水星還要遠，平均地表溫度卻和離太陽很近的
　　　　　水星差不多呢？（答對可得 2 個👍）
　　　　　①因為金星沒有大氣層的保護，所以陽光直射造成平均溫度很高。
　　　　　②因為水星沒有大氣層的保護，溫度逸散得很快，所以和金星溫度差不多。
　　　　　③因為金星的大氣層含有大量二氧化碳，溫室效應強烈，所以溫度很高。
　　　　　④因為金星的大氣層含有大量水蒸氣，溫室效應強烈，所以溫度很高。

☆重力對於人類而言非常重要，而長期在無重力環境下生存，必定會對人類造成各
　種問題，請試著回答下列關於重力的問題。

（　　）4.地球、火星甚至是其他行星都有重力場，這能以牛頓的哪個運動定律解釋
　　　　　呢？（答對可得 1 個👍）
　　　　　①牛頓第一運動定律（慣性定律）　②牛頓第二運動定律（加速度定律）
　　　　　③牛頓第三運動定律（作用力與反作用力）　④牛頓萬有引力定律

（　　）5.在沒有重力的太空中，大空船想要用核動力的方式產生推力來前進，主要
　　　　　原理為下列哪一個？（答對可得 1 個👍）
　　　　　①牛頓第一運動定律　②牛頓第三運動定律
　　　　　③虎克定律　④愛因斯坦相對論

（　）6. 長程太空旅行會對人體造成哪些影響呢？（答對可得 1 個👍）
　　①肌肉萎縮　②內臟膨脹　③顱內壓力增加　④以上都有可能發生

☆想要將火星打造成適合人類居住的地方，需要克服許多困難。

（　）7. 為了克服火星上巨大的溫差、強烈太陽輻射等環境問題，哪一種在火星上
　　的地形比較適合人類居住？（答對可得 1 個👍）
　　①高山的山頂　②峽谷　③洞穴　④地表

（　）8. 水除了是生命生存必需的元素，還可以利用電解水，製造出其他元素，但
　　不包括下列哪些元素呢？（多選題，答對可得 2 個👍）
　　①氧氣　②氮氣　③氫氣　④氦氣

（　）9. 火星大氣中二氧化碳含量最高，而在地球大氣中，含量最高的是哪種氣體
　　呢？（答對可得 1 個👍）
　　①氧氣　②氮氣　③氫氣　④二氧化碳

延伸知識

1. **火星的水資源**：雖然科學家沒有在火星表面觀察到任何流動的液態水，但愈來愈
多證據顯示，火星曾經是個充滿液態水的星球。包括火星表面各種水流侵蝕痕跡，
如河道、河谷、曲流、湖泊等；火星上的沙土成分也與地球沙漠非常相似——都
是液態水大量蒸發之後留下的礦物質。而火星地底下的固態冰，以及極區的冰冠，
將會是在火星生存所需的重要水資源之一。

2. **火星年**：火星的公轉軌道比地球大上許多，所以一個火星年也是一個地球年的 1.88
倍，大約是 687 個地球日。然而，火星自轉的速度卻和地球相差無幾。一個火星
日大約是 24 小時又 40 分鐘，和一個地球日的時間（24 小時）非常接近，而且
火星因自轉軸也像地球一樣有所傾斜，所以火星上也有明顯的四季。

3. **火星的探測**：目前火星是人類所探測以及了解最多的太陽系行星。從 1965 年水
手 4 號飛掠火星開始，50 多年間已有 30 幾次的太空器飛掠、繞行，甚至是用機
器人、無人駕駛的飛船登陸火星，讓火星的面貌愈來愈明確的呈現在世人眼前。

其中極具代表性的就是 2011 年美國發射的好奇號探測器，它不但成功的在火星上工作了 3000 多天，同時傳回大量高解析度全彩的火星照片。

延伸思考

1. 火星雖然是離地球最近、也最有可能讓人類移民的星體，但是在太陽系之中，除了行星之外，還有許多衛星或小行星也可能提供人類居住。查查看，太陽系之中還有哪些星體被科學家認為是適居星球？它們與火星有什麼不同？

2. 科學家正積極尋找適合在無重力狀態下存活的植物，甚至培育基因改良作物，找出哪些最適合在外星球生長，並提供人類食物來源。想想看，哪些農作物最有可能被帶上太空，又有哪些作物正在被培育成太空作物呢？

3. 現今火箭推進器大多使用燃燒燃料來產生推力，但若使用核融合作為動力來源，可以大幅減少空氣汙染，也可以利用少許燃料產生巨大推力。查查看，目前核動力火箭的核融合反應使用什麼元素做為燃料，比一般引擎多了哪些優勢？

太空垃圾
何去何從？

人類的垃圾問題從地表蔓延到太空，
估計目前至少有 5000 多公噸的太空垃圾
在我們頭上高速飛行，
可能危及太空船和太空人。
到底是誰把垃圾丟到太空？
這麼遙遠的垃圾要怎麼清運？

撰文／邱淑慧

自從 1957 年，蘇聯成功發射史普尼克 1 號衛星（已於 1958 年墜入地球大氣層）開始，近 60 年來，全球共執行了超過 4000 次的火箭發射任務，將各式先進的儀器送上太空，除了飛往其他行星的探測器之外，大部分則是進入地球上空軌道，繞地球運轉並且執行各種不同的任務。有的負責監測地球狀態或進行太空實驗，例如氣象觀測衛星、海洋觀測衛星、國際太空站和 GPS 衛星等，讓我們更能掌握地球，甚至是太空環境的變化；有些則是負責觀看並且記錄太空或宇宙中的天體，例如哈伯太空望遠鏡、克卜勒太空望遠鏡等各式觀測器，讓我們對宇宙有更多認識。

但是就像家裡的各種家電用品一樣，這些儀器也會壞掉或達到使用年限，當這些儀器不再具有功能，可沒有資源回收車把它載走，於是它們留在軌道上，成了太空垃圾的主要來源。除此之外，太空垃圾還包括把衛星送入軌道的最後一節火箭，以及太空人執行任務時不小心掉落的物品，例如手套、垃圾袋、扳手和工具包等。甚至連美國與蘇聯冷戰時期發射，用以摧毀反間諜衛星的武器，也是太空垃圾的來源之一。

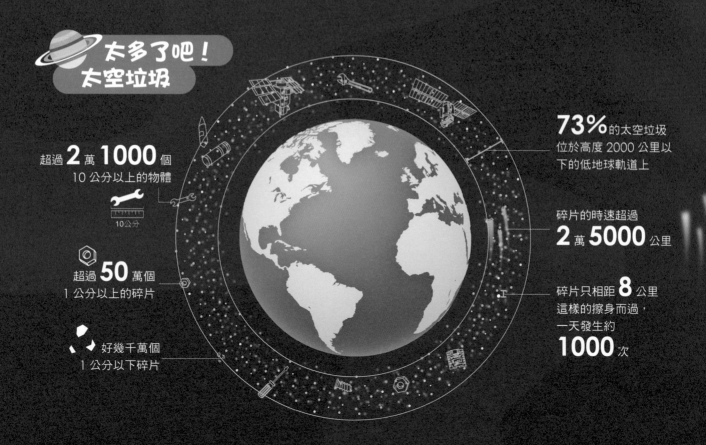

太多了吧！
太空垃圾

超過 **2**萬**1000** 個
10 公分以上的物體

10公分

超過 **50** 萬個
1 公分以上的碎片

好幾千萬個
1 公分以下碎片

73% 的太空垃圾
位於高度 2000 公里以
下的低地球軌道上

碎片的時速超過
2萬**5000** 公里

碎片只相距 **8** 公里
這樣的擦身而過，
一天發生約
1000 次

這些垃圾的分布，主要可以分成三個區域。大部分的太空垃圾分布在距離地球表面不到 2000 公里的低軌道（LEO）內，大多數距地表約數百公里，這些物體每天約繞地球 15 圈，時速約 2 萬 5200 ～ 2 萬 8800 公里（臺灣的高鐵最高時速為 300 公里）；第二個分布區域則是在距離地球上空 4 萬 2164 公里的地球同步軌道上，時速約 1 萬 1068 公里。第三類則是介於兩者間的中軌道，但數量最少。

在這麼高的速度之下，只要是大小超過 1 公分的碎片就足以撞穿太空艙，而大小超過 10 公分的，更是會將衛星或是太空船給撞碎。電影《地心引

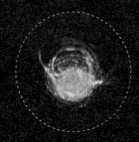

◀太空人在國際太空站拍攝到穹頂艙的裂痕，寬約七公釐，可能是由約千分之幾毫米的物體撞擊。

力》的劇情，便是描述因太空垃圾引起的太空災難。而這樣的災難是可能在現實中發生的——2016 年 5 月，太空人在國際太空站的穹頂艙發現寬 7 公釐的裂痕，極可能就是太空碎片撞擊造成，而有些發射後失聯的衛星，也疑似是因為太空垃圾撞擊而損壞。

2009 年 2 月，在西伯利亞上空約 800 公里的低地軌道，就曾發生一次衛星相撞的事件，撞擊的分別是美國的商用通訊衛星「銥計劃 33 號」（質量約 560 公斤），以及已經報廢的俄國軍用衛星「宇宙 2251 號」（質量約 950 公斤），撞擊時的時速三萬多公里，兩顆衛星全毀，並使軌道上增加了至少數千枚垃圾碎片。

垃圾的長久旅行

那麼，這些太空垃圾會一直留在軌道上嗎？位在較低軌道的太空垃圾（例如失效的繞極軌道衛星），會因為大氣的摩擦力而慢慢減速，也因而慢慢降低軌道，最後掉入大氣層燃燒。但由減速到墜入大氣層，不是一兩天就能完成的，軌道愈高，待在地球上空的時間就愈久，就算是低於 600 公里的，也需要好幾年，高度約 800 公里的，需要數十年，至於那些高於 2000 公里的，則可能環繞地球 100 年以上。也就是說，這些衛星在壽命結束後，還會在地球的上空流浪很久，也就增加了撞擊的機會，太空垃圾之間撞擊，又會變成更多碎片，增添了運作中的衛星和太空人執行任務的危機。

至於那些墜入大氣的碎片，有沒有可能砸到你呢？雖然大部分的碎片進入大氣層時，會燃燒殆盡，但有些體積較大的無法完全燃燒，殘餘的部份就會像隕石一樣撞擊地表。

例如美國 NASA 的康普頓伽瑪射線天文台，於 1991 年發射升空，進入 450 公里高的軌道，任務是觀測宇宙中高能量的伽瑪射線來源，原訂任務是五年，但直到 1999 年觀測功能依然正常，但是維持穩定運行的三個陀螺儀有一個故障了，如果再有一個故障，就會失去控制，為了避免失去控制後掉落在地球上人口稠密區，2000 年 5 月 NASA 主動讓衛星開始一連串點火，進入較低軌道，因大氣摩擦慢慢減速並降低軌道，在 6 月 4 日墜入地球大氣層，碎片如預期的掉落在夏威夷西南方約 3200～4000 公里的海底。墜落的太空碎片大多掉入海洋，因此在地表的人被太空碎片打到的機會很低。

 軌道愈高，速度愈慢？

人造衛星繞地球轉，需要向心力，向心力愈大，繞行速度愈快。就如同以繩子綁著橡皮擦甩圈時，力量愈大，橡皮擦轉得愈快。而這股向心力，來自於人造衛星與地球之間的萬有引力。

物體之間的距離愈遠，萬有引力愈小，也就是向心力愈小，因此人造衛星的軌道高度愈高，速度愈慢；軌道高度愈低，速度愈快。科學家可以依據任務需要的衛星速度，把衛星放在相對的高度。例如臺灣的福爾摩沙二號衛星，軌道高度約 891 公里（再加上地球半徑 6378 公里），可以計算得出軌道速度約每秒 7.41 公里，也就是時速約 2 萬 6676 公里。

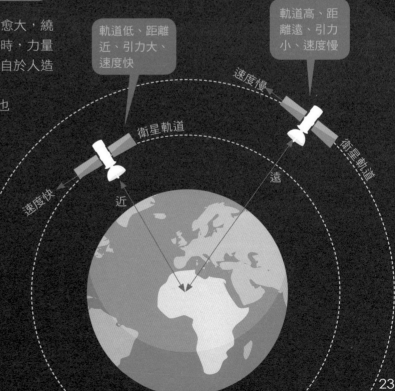

軌道低、距離近、引力大、速度快

軌道高、距離遠、引力小、速度慢

速度慢

衛星軌道

衛星軌道

速度快

近

遠

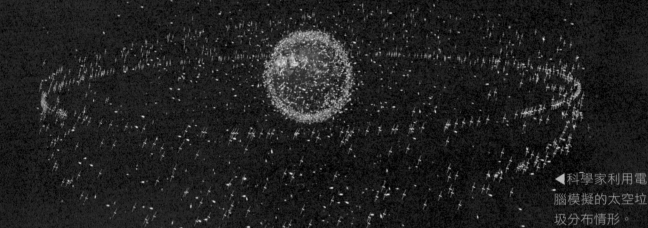

太空垃圾，I catch you!

　　雖然太空垃圾撞擊人口稠密區的可能性很低，但依然具威脅性，更何況對於太空任務有極大的威脅，因此科學家必須時時搜尋與監測太空垃圾的數量及去向。

　　科學家可以在地表上利用雷達做監測，雷達向天空發射無線電波，若碰到太空垃圾會使電波反射回地表，利用接收到的回波可以估算太空垃圾的大小和位置，另外也可以利用可見光望遠鏡直接觀測，這些方法可以偵測到近地軌道上大小約 1 公分的碎片。

　　此外，利用已在軌道上的衛星觀測，也是估算太空碎片的方法，但即使如此，大部分的太空垃圾依然是未知的。科學家利用已有的觀測資料，加入已發射的衛星數據，輸入電腦後計算的模擬結果顯示，目前太空垃圾的總重量至少有 5000 公噸，這麼多的太空垃圾，該怎麼辦呢？首先，對於國際太空站這樣的大型物體，科學家可以持續偵測它附近一定的範圍，若發現太空碎片的跡象，便通知國際太空站上的太空人，讓太空站略微移動位置以避開可能發生的撞擊。

　　此外，許多科學家持續研究減少軌道上垃圾的方法，例如瑞士研發的「清空一號」（CleanSpace One）預計在 2025 年發射升空。清空一號可以偵測太空垃圾，並張開爪子把垃圾抓住，然後降低軌道再放開，使其進入大氣燃燒。另一方面，就和地球上的垃圾處理問題一樣，「減量」也是很重要的，在衛星完全失去動力前，便先導引使其降低軌道，返回地球大氣，減少停留在地球軌道上的時間。各國在發射人造衛星到太空前，應審慎評估必要性，否則太空垃圾愈來愈多，在地球軌道上的危機也就不斷增加，因此這是目前亟待解決的問題。🄢

▲瑞士的清空一號，以減少太空垃圾為目標。

作 者 簡 介

邱淑慧　中央大學天文研究所碩士，現任國立花蓮女中地球科學教師。

太空垃圾何去何從？

國中地科教師　姜紹平

主題導覽

人類從 1957 年開始，不斷將衛星送上太空，除了一般觀測與通信用的衛星，還有許多天文望遠鏡、太空站、火箭推進器等不同用途的儀器。然而，就像所有的儀器一樣，這些天空中的儀器也會有毀損或是退休的一天，但持續繞行地球軌道的它們，並沒有辦法輕易的被回收或處理，就像是在充滿懸浮垃圾的水中游泳一般，隨時都有可能對還在運作的儀器造成危害。

在太空科學發達的今日，科學家開發出不同的技術，著手清理這些環繞著地球的太空垃圾，保護正在運行中的儀器。但這些大小不一的太空垃圾散落在廣大的太空之中，又以非常快的速度飛行，該如何妥善清理，也極具挑戰！

閱讀完文章後，你可以利用「關鍵字短文」了解自己對文章的理解程度，並透過「挑戰閱讀王」檢測你對太空垃圾的認識。

關鍵字短文

〈太空垃圾何去何從？〉文章中提到許多重要的字詞，試著列出幾個你認為最重要的關鍵字，並以一小段文字，將這些關鍵字全部串連起來。例如：

關鍵字：1. 太空垃圾　2. 人造衛星　3. 圓周運動　4. 大氣層　5. 無線電波

短文：太空垃圾並不是散落在太空中且靜止不動的，它們也和所有的人造衛星一樣，受到地球引力的影響，圍繞著地球做圓周運動，所以每個太空垃圾都有自己圍繞地球的軌道。有些垃圾會因為大氣層的影響而墜回地面，但大部分的垃圾仍在高空快速的飛翔著。透過無線電波的反射機制，科學家可以用雷達追蹤這些太空垃圾的軌道，進而避免讓衛星或是太空人靠近，以確保安全。

關鍵字：1.＿＿＿＿＿　2.＿＿＿＿＿　3.＿＿＿＿＿　4.＿＿＿＿＿　5.＿＿＿＿＿

短文：＿＿＿＿＿＿＿＿＿＿＿＿＿＿＿＿＿＿＿＿＿＿＿＿＿＿＿＿＿

＿＿＿＿＿＿＿＿＿＿＿＿＿＿＿＿＿＿＿＿＿＿＿＿＿＿＿＿＿＿＿＿＿＿

挑戰閱讀王

看完〈太空垃圾何去何從？〉後，請你一起來挑戰以下題組。

答對就能得到👍，奪得 10 個以上，閱讀王就是你！加油！

☆關於太空垃圾的特性，請你試著回答下列問題。

（　　）1.太空垃圾大多存在大氣層中的哪一層呢？（答對可得 1 個👍）

　　　　①平流層　②中氣層　③外氣層　④增溫層

（　　）2.太空垃圾大多存在於衛星軌道中哪一個高度層呢？（答對可得 1 個👍）

　　　　①地球同步軌道（4 萬 2000 多公里）　②低軌道（2000 公里）

　　　　③介於兩者之間　④平均分布

（　　）3.除了人力清除外，大多數太空垃圾是如何被清除的呢？

　　　　（答對可得 1 個👍）

　　　　①因為離心力被甩到外太空去

　　　　②因為被其他星體（如月球）的吸引而離開地球軌道

　　　　③由於高速圍繞地球的飛行，產生的摩擦力而燃燒殆盡

　　　　④因阻力的關係，逐漸落回地表，而在降落途中燃燒殆盡

☆所有太空中的物體都仰賴一股力量才能持續圍繞地球高速繞行，請回答下列問題。

（　　）4.這些物體會圍繞著地球公轉而不至於被甩出軌道，是因為哪種力量的作

　　　　用？（多選題，答對可得 2 個👍）

　　　　①離心力　②地球與物體之間的引力　③向心力　④摩擦力

（　　）5.按照圓周運動的理論，相同質量的衛星，在哪種情況下繞行地球公轉的速

　　　　度會愈快？（答對可得 1 個👍）

　　　　①離地表愈遠

　　　　②離地表愈近

　　　　③離地球的距離不影響繞行的速度

（　　）6.太空垃圾之所以會受到阻力而減速，是因為阻力來自哪裡？

　　　　（答對可得 1 個👍）

　　　　①與其他物體碰撞而減速

　　　　②稀薄的空氣仍會造成空氣阻力

　　　　③地心引力造成阻力因此減速

☆有關於太空垃圾的觀察與清除，請試著回答下列問題。

（　　）7.哪些方法可以有效觀測到太空垃圾？（多選題，答對可得 2 個👍）

　　　　①地表雷達回波觀測　②地表可見光觀測

　　　　③由運作中的人造衛星觀測　④由太空人在太空艙中觀測

（　　）8.何種大小的太空垃圾可能會造成危害？（答對可得 1 個👍）

　　　　①超過 10 公分的大型垃圾　②1～10 公分的中型垃圾

　　　　③1 公分以下的微型垃圾　④以上都非常危險

（　　）9.微型太空垃圾雖然尺寸非常細小，為什麼仍會造成巨大威脅呢？

　　　　（多選題，答對可得 2 個👍）

　　　　①移動的方向很不固定　②很難被觀測到

　　　　③移動速度非常快速　④物體溫度非常高

延伸知識

1.**圓周運動**：距離地表較遠的物體，會比距離地表較近的同質量物體繞行得更慢，這其實是透過圓周運動公式推導出來的。不只是人造衛星，在生活中也有許多做圓周運動的物體，像是旋轉木馬、遊樂園的咖啡杯、過彎道的賽車等等，都可以透過圓周運動的理論，計算出向心力、與圓心距離及速度之間的關係。

2.**人造衛星的任務**：人類已經發射超過 4000 個衛星與儀器進入太空軌道，然而這些衛星並不簡單。除了大家耳熟能詳的哈伯太空望遠鏡、國際太空站、福爾摩沙衛星之外，還有許多不同功能、不同大小的人造衛星，例如軍事偵察、宇宙微波接收；美國甚至發射過微小針狀物體到軌道之中，期望可以加強軍事通訊的能力。

3. **微小太空垃圾的危害**：許多太空垃圾的尺寸雖然為非常微小，但其實非常危險。除了非常難以被觀測也非常難被捕捉之外，這些物體移動速度非常快；根據壓力的計算方式，這些細小的物體碰撞到太空船時，因接觸面積非常小，導致碰撞到物體表面時，對物體造成非常大的壓力，因此形成不小的損害。如同汽車行駛在高速公路中，就算車子被非常細小的石子砸中，往往會在車殼留下凹洞，或導致玻璃破裂。

4. **凱斯勒現象**：美國科學家凱斯勒（Donald J. Kessler）曾提出一個理論，假設太空中的太空垃圾碎片密度達到一定的程度，這些物體互相碰撞後產生的碎片，可能會產生更多的碰撞，而這些大量的碰撞，將會造成太空垃圾更加分散在不同的高度與不同的繞行軌道，當所有軌道都存在太空垃圾時，會使太空中失去能使人造衛星安全運行的軌道，也將無法實施太空探索。為了避免這樣的事情發生，科學家正極力研究如何有效率的減少太空垃圾。

延伸思考

1. 除了透過觀察的方式預先閃避太空垃圾之外，還有沒有其他方式可以有效率的清除太空垃圾？

2. 查查看，目前有沒有方法可有效回收已除役的太空衛星？如何避免這些退休的老舊衛星成為太空垃圾？

3. 文章中提到，若太空垃圾的密度過高，有可能影響人造衛星的運作。假設所有的人造衛星都無法運作，會對我們生活中哪些層面造成改變？

古文裡的

天文學

除了嚴謹的科學論文，天文學的紀錄也可以是美麗優雅的詩句，古人在文學中留下的天文觀察，使我們得以推敲數千年前的天象與生活。

撰文／邱淑慧

在沒有光害而且沒有電子產品分心的古代，觀察自然現象是日常生活中重要的一部分，人們以各種自然現象來記錄生活與抒發情懷，天文現象的規律更是時序與方位的重要參考指標，我們可以藉由文學紀錄，來推論發生在久遠以前、我們無法實際觀察到的天象。

星星是天空中的日曆

在沒有鐘錶的時代，古人利用天空中星體運行的規律來做為時間的參考，明末清初的理學家顧炎武在《日知錄》提到：「三代以上，人人皆知天文。」三代指的是 3000 多年前的夏商周時期，可見天文知識在當時是相當普及的。

西方國家將天空中的星星連結為許多星座，中國古代則是將天空分為好幾個領土，由各個「星官」掌管。首先，人們根據長久觀察發現，北方天空有一顆星星幾乎總是在天空中的相同位置，其他星星看起來則是繞著它轉，於是將其命名為「北辰」或稱「太一」，象徵天子。孔子：「為政以德，譬如

北辰，居其所而眾星拱之。」而在天子周圍則是皇帝的城池範圍，劃分為「三垣」（垣是指城牆）。更外圍的劃分為 28 個星宿（如下圖），為官職。仔細看看，有些星宿名稱是不是相當耳熟呢？因為它們不僅出現在古文中，也出現在許多漫畫與電腦遊戲裡呢！

因為地球的自轉與公轉，這 28 個星宿並不會全部同時出現在夜空中。因此，古人可以依據不同星宿出現的時間，來判斷季節。例如，宋朝陸田解的《鶡冠子·環流》：「斗柄東指，天下皆春；斗柄南指，天下皆夏；斗柄西指，天下皆秋；斗柄北指，天下皆冬。」北斗七星在天空中看起來像一個勺子，由黃昏時刻北斗七星勺柄的指向，可以判斷季節。

此外，夜空中相當明顯的商宿（心宿）和參宿，也常做為農耕與生活作息的參考。顧炎武在《日知錄》提到：「七月流火，農夫之辭也。三星在戶，婦人之語也。」流火指的是天蠍座的心宿二，農曆七月夏秋之際出現在天空中，因為心宿二為紅色，因此稱為「流火」。三星則是獵戶座的腰帶，古人嫁

三垣二十八宿 古人將北極星命名為「北辰」或「太一」，再將其周圍的星星分為三垣、二十八宿。敦煌莫高窟藏經洞出土的星圖中，也包括了二十八宿的繪圖。

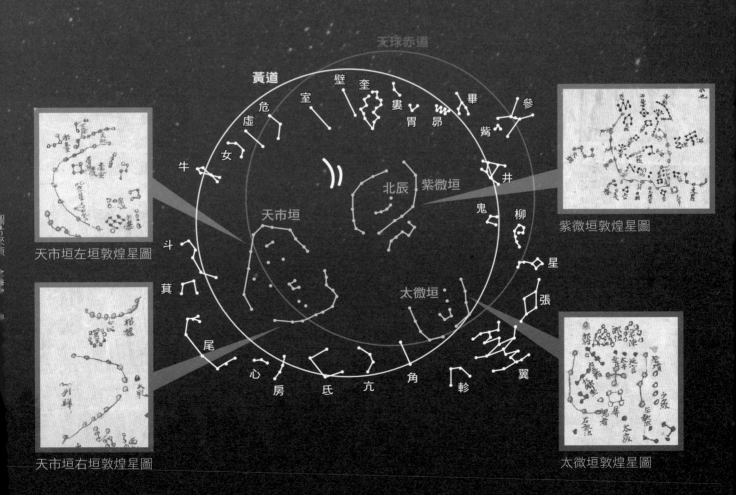

天市垣左垣敦煌星圖

天市垣右垣敦煌星圖

紫微垣敦煌星圖

太微垣敦煌星圖

娶多在冬季，因此以冬季時明顯的「三星」來借指嫁娶之事，也常出現在現代的結婚賀詞中。

意外訪客現蹤影

除了平時可見的日月星辰，當天空中出現「不明」物體，也會是史書記載的重點，例如彗星與超新星。

例如《漢書·五行志》上，就詳細記載了漢成帝元延元年（公元前 12 年）來訪的彗星：「元延元年七月辛未，有星孛於東井，踐五諸侯，出河戌北，率行軒轅、太微，後日六度有餘，晨出東方。十三日，夕見西方，……鋒炎再貫紫宮中。……南逝度犯大角、攝提。至天市而按節徐行，炎入市中，旬而後西去；五十六日與蒼龍俱伏。」

《宋會要》所記載的天關客星，爆炸後膨脹形成了蟹狀星雲。

這段文字看起來可能有點複雜，但是可以看出這個「星孛」的位置一直在不同恆星間移動著，這是因為彗星有其運行軌道，因此相對於其他恆星的位置會一直改變。後來哈雷發現彗星具週期性，且計算出哈雷彗星繞太陽一圈的週期為 76 年。後人往回推算得知，《漢書·五行志》中所記載的這顆彗星，就是哈雷彗星。

超新星是巨大恆星死亡過程中發生的劇烈爆炸，會突然變亮許多，甚至在地球上以肉眼就可以看到。宋朝時人們觀察到天空有個位置突然變亮，以為有新的恆星誕生，因此將其記錄下來，稱為「客星」。《宋會要》有這樣的記載：「至和元年七月二十二日守將作監楊惟德言：伏睹客星出現，見其星上微有光彩，黃色。」二年後的三月則記載：「客星歿，客去之兆也……守天關，晝見如太白，芒角四出，色赤白，凡見二十三日。」

占星政治學

古人常將日月星辰的變化，做為占卜的依據，甚至是政治上穿鑿附會的工具。「五星連珠」是指以肉眼可以在夜空中看到五顆行星幾乎連成一線，中國古代認為是吉祥的徵兆。馬王堆漢墓出土的《馬王堆帛書》記載：「元年冬十月，五星聚於東井，沛公至霸上。」用來強調漢高祖劉邦即位是一種天意。但是現代以軟體模擬發現，五星連珠是出現在漢高祖即位的隔年。

另一個例子是「熒惑守心」，這是中國古

天王星

地球

木星

火星　水星　太陽

金星

土星

海王星

木星

火星

土星

水星

金星

2016 年 1 月 22 日到 2 月 10 日之間，地球上可看到五星連珠的美景。但各行星的位置其實沒有排成一直線（左上圖）。下一次的五星連珠會出現於 2040 年 9 月。

五星真的連成一條線 !?

「五星連珠」在中國古代被視為吉兆，西方國家則認為五星連珠會帶來災難，也有人認為五星連珠時行星引力相加，會造成地球上的災難。但這些都是沒有科學根據的說法。行星排列成接近一直線的「五星連珠」奇景，只是在地球上看起來的視覺效果而已，其實行星在太空中根本沒有排成一直線。

代認為最兇惡的天象。從前認為火星代表災難，因為紅色似火，又因為位置和亮度變化大，因此將其稱為「熒惑」。而心宿三顆星的中間那顆則是代表皇帝。因此當火星在心宿徘徊時（從順行轉為逆行或是從逆行轉為順行），就表示皇帝身邊會有很不好的事發生，皇帝也就會特別謹慎或猜疑。

值得注意的是，雖然在史書上記載的熒惑守心超過 20 次，現代用電腦推算卻發現，其中有 10 幾次是假的，可見熒惑守心常被有心人當成陷害他人的工具。舉例來說，在《漢書・天文志》中寫到：「二年春，熒惑守心。二月乙丑，丞相翟方進欲塞災異，自殺。」在漢成帝時，星官李尋利用熒惑守心的天象來指責宰相翟方進的罪狀，結果漢成帝就將許多災難的發生歸咎在翟方進的身上，最後翟方進自殺。但根據推算，當年其實沒有發生熒惑守心的天象。

藏身優美詩詞裡的天文學

「一閃一閃亮晶晶，滿天都是小星星……」「獵戶、天狼、織女光年外沉默……」「銀河系因為你有意義……」「月亮繞地球，地球繞著太陽走……」從小朋友的童謠，到朗朗上口的流行歌曲，美麗的夜空總是出現在許多旋律歌詞中。你還可以想到哪些呢？

在詞曲中敘述天文現象，其實從很久遠以前就開始了。現在，就讓我們回到過去，一起來探尋這些古人受到天文現象的啟發後，所留下的優美詩詞吧！

《水調歌頭》
……人有悲歡離合，月有陰晴圓缺，此事古難全。但願人長久，千里共嬋娟。
——蘇軾

月球是天空中最明顯的天體，視星等可達 -12.8 等。自古人們便觀察著它每個月的盈虧週期，除了用以制定陰曆的「月」，也因為月光明亮與變化顯著，常用以描述世事的多變。

《把酒問月》
青天有月來幾時？我今停杯一問之。人攀明月不可得，月行卻與人相隨……今人不見古時月，今月曾經照古人。古人今人若流水，共看明月皆如此。唯願當歌對酒時，月光長照金樽裏。
——李白

《贈衛八處士》
人生不相見，動如參與商。今夕復何夕，共此燈燭光。……
——杜甫

參是 28 星宿裡的參宿，主要出現在冬季夜空，而商則是指心宿，是夏季星座。參宿和心宿幾乎分別位在以「北辰」為中心的兩側，當一個升起，另一個便已落下，無法同時出現在夜空中，因此杜甫用來形容朋友之間的不易相見。

在夏季，沒有光害的夜空中可以看到清楚的銀河，在銀河兩旁則有顯著的亮星牛郎與織女，以牛郎織女因銀河而無法相見的故事為背景下，中國詩人衍生出許多浪漫的情懷。

《迢迢牽牛星》

迢迢牽牛星，皎皎河漢女。纖纖擢素手，札札弄機杼。終日不成章，泣涕零如雨。河漢清且淺，相去復幾許？盈盈一水間，脈脈不得語。

《燕歌行》

……明月皎皎照我床，星漢西流夜未央。牽牛織女遙相望，爾獨何辜限河梁？

——曹丕

金星是夜空中除了月球外最明亮的天體，最亮時視星等 -4.89，常聽到的「太白金星」便是指它。金星出現的時間為日出前或日落後，出現在日出前的東方天空時稱為「啟明」，出現在日落後的西方天空時，則稱為「長庚」。

《詩經：大東》

……雖則七襄，不成報章。睆彼牽牛，不以服箱。東有啟明，西有長庚。有捄天畢，載施之行。……

《江城子·密州出獵》

……酒酣胸膽尚開張，鬢微霜，又何妨。持節雲中，何日遣馮唐？會挽雕弓如滿月，西北望，射天狼。

——蘇軾

為什麼金星出現的時間只有日出前或日落後？

金星位在地球繞日軌道以內，因此從地球觀看金星，總是朝向太陽的方向，但因為太陽太亮，所以不易觀看到。所以能夠觀看到金星的時間，主要是在日出前的東方或是日落後的西方（因為它總是在太陽的附近）。

夜空中最明亮的恆星天狼星（視星等 -1.47）當然也是人們注目的目標。蘇軾的這首詞是以天狼星來比喻位在西北方來犯的敵人。

作 者 簡 介

邱淑慧　中央大學天文研究所碩士，現任國立花蓮女中地球科學教師。

古文裡的天文學

國中地科教師　姜紹平

主題導覽

　　人們對於星空的好奇與記錄並不是近代才蓬勃發展的，早在文字出現之前，人們就懂得利用太陽、月亮以及星星的移動，記錄、計算出方位，還有四季的變化等。而相對於西方歷史中早早就出現的十二星座、希臘神話等，對於星空的想像與描述之外，在 3000 多年前的中國歷史中可以發現，東方人對於星空的觀察與紀錄，也十分有系統且詳細。

　　除了中國人利用月球的運行和季節的變化創造出陰陽合曆——農曆，人們也將星星連線並劃分，創造出三垣二十八宿的系統，並且利用星宿占卜、預測事物的吉凶，同時記錄了許多奇特的天文現象。閱讀後你可以透過「關鍵字短文」和「挑戰閱讀王」，看看自己是否理解文章內容。

關鍵字短文

　　〈古文裡的天文學〉文章中提到許多重要的字詞，試著列出幾個你認為最重要的關鍵字，並以一小段文字，將這些關鍵字全部串連起來。例如：

關鍵字：1. 星宿　2. 天象　3. 彗星　4. 超新星　5. 觀星史

短文：由於星空的變化是規律的，使得人們可以藉由這樣規律的變化，計算出星宿、季節、方位與日期等的關係。在中國文化中，星宿除了可以算出日期與季節的更替，中國人也十分相信天象的改變會影響個人，乃至於國家的運勢。幾乎各個朝代都有專門觀測星象的官職，在占卜的同時，記錄了許多奇特的天文現象，例如詩文中的彗星、超新星、流星等天文奇觀，為後人留下許多觀星史。

關鍵字：1.＿＿＿＿　2.＿＿＿＿　3.＿＿＿＿　4.＿＿＿＿　5.＿＿＿＿

短文：＿＿＿＿＿＿＿＿＿＿＿＿＿＿＿＿＿＿＿＿＿＿＿＿＿＿＿＿＿＿＿

＿＿＿＿＿＿＿＿＿＿＿＿＿＿＿＿＿＿＿＿＿＿＿＿＿＿＿＿＿＿＿＿＿＿

＿＿＿＿＿＿＿＿＿＿＿＿＿＿＿＿＿＿＿＿＿＿＿＿＿＿＿＿＿＿＿＿＿＿

挑戰閱讀王

看完〈古文裡的天文學〉後，請你一起來挑戰以下題組。

答對就能得到👍，奪得 10 個以上，閱讀王就是你！加油！

☆從古詩詞中，可以發現有許多對於星象的描述，試著回答下列問題。

（　）1.文章中提到，中國在夏天可以看到天蠍座，冬天可以看到獵戶座。不同季節的夜晚可以看到不同星座，是因為何種原因？（答對可得 1 個👍）
①因為地球自轉軸有傾斜　②因為地球繞著太陽公轉
③因為星座本身會移動　④以上皆非

（　）2.星象也是判斷方位的重要指標，例如北斗七星是北方的指標。請問北方在夜晚觀星時可以作為重要的方向指標，原因是什麼？（答對可得 1 個👍）
①北方的星座不會移動　②北方的星座特別多
③所有星座都繞著北方旋轉　④北方星座特別少

（　）3.承上題，造成此現象的原因為以下何者？（答對可得 1 個👍）
①因為地球會繞著太陽公轉　②因為宇宙中的星星都繞著北方旋轉
③因為地球自轉軸指向北方　④以上皆是

☆除了對於星座的觀察，天空中也常常出現驚喜的星象，試著回答下列問題。

（　）4.文中提到，中國在漢朝時就已經對哈雷彗星有明確的記載，下列關於哈雷彗星的敘述，何者正確？（答對可得 1 個👍）
①哈雷彗星是太陽系的行星之一
②哈雷彗星繞著地球一圈的週期是 76 年
③哈雷慧星本身會發出明亮的光線
④以上皆非

（　）5.文章中提到，古文有對於超新星的記載，下列關於超新星的敘述，何者正確？（答對可得 1 個👍）
①超新星是新誕生的恆星　②超新星是邁向死亡的恆星
③超新星是新誕生的行星　④超新星只有在夜晚才能觀看到

（　）6.超新星出現一陣子後，會逐漸暗淡成為一團較昏暗的物體，請問這個剩下
　　　　的物體為何？（答對可得 1 個👍）
　　　　①紅巨星　②星雲　③星團　④彗星

☆有關五星連珠的說法，試著回答下列問題。

（　）7.在地球上觀察到了五顆行星排成一直線的現象，是什麼原因？
　　　　（答對可得 1 個👍）
　　　　①這五顆行星與地球，在太空中的相對位置剛好落在同一直線上
　　　　②這五顆行星（不包括地球）在宇宙中恰好排成一直線，被地球人觀察到
　　　　③這五顆行星在宇宙中的位置投影到地表，剛好是一直線
　　　　④以上皆非

（　）8.五星連珠的現象並不常見，出現的時間也大多在日出前與日落後，這是因
　　　　為哪兩個行星的位置，導致觀察的時間很短暫？
　　　　（多選題，答對可得 2 個👍）
　　　　①火星　②金星　③木星　④水星

（　）9.這五顆行星連在一起的時候，可以明顯觀察到每顆行星的顏色都不太一樣，
　　　　為什麼？（多選題，答對可得 2 個👍）
　　　　①行星的大氣厚度與成分不同
　　　　②地表的組成物質不同
　　　　③離太陽的遠近不同
　　　　④行星的溫度不同

延伸知識

1. **哈雷彗星**：雖然科學家觀測到許多彗星圍繞著太陽公轉，但哈雷慧星是目前所知最規律、最容易從地球上觀察到的彗星。哈雷彗星的公轉週期大約是 76 年會繞行太陽一週，而人類的歷史上都有記載這顆壯麗的彗星，只是古人並沒有發現這顆每 76 年會出現的彗星是同一顆。尤其是在中國史上，從西元前 613 年的「春秋」中就有記載哈雷彗星，比西方的紀錄早了 600 多年，而且中國對於接下來每次哈雷彗星的來訪都沒有遺漏。

2. **超新星**：在恆星生命週期的最後，當恆星內部已經沒有足夠的燃料可以繼續進行核融合反應時，會因為重力的塌縮而引發巨大的爆炸，成為超新星。由於超新星爆炸時會放出巨大的光和輻射，因此會比星空中其他恆星顯得更加明亮，有些超新星甚至在白天都可以用肉眼觀察。超新星的光大約維持數週到數個月不等，而在中國天文學家記錄了總共約 20 次可能的超新星爆發。透過現今發達的科技，超新星已經可以輕易的用不同望遠鏡與觀測工具觀察到。

3. **紫微斗數**：在中國民間有許多不同的算命、問卦的學問。其中，紫微斗數就是利用星象的排列，計算出每個人獨特的命盤。類似於西方的十二星座占卜，紫微斗數是利用個人的生辰時間，推算出生日當下，紫微星在星空中的位置，進而推算其他重要的星星落在哪些位置，最後藉由命盤推算個人運勢。

延伸思考

1. 雖然哈雷彗星是最容易被觀察到的彗星，但其實在近代天文史中，也出現一些新的彗星，比如在 2020 年夏天出現的 NEOWISE 彗星，就是近代少數可直接用肉眼觀察到的彗星。查一查，這顆彗星有什麼特色，它的週期又是多久呢？

2. 除了文中所提到的記載，中國天文史中其實還有非常多不同的天象，例如日蝕、月蝕、流星雨、隕石，甚至也有記載太陽黑子的活動。查查看，哪些天象在文章中沒有提及，但其實中國天文學家曾經詳細記錄呢？

3. 除了星座與星宿，行星在天空中的位置也有不同的意義。鄰近地球的火星、金星、木星、土星，在觀星史上都有很完整的觀察紀錄，每顆行星代表的意義也不一樣。試著比較一下，它們在中國、希臘、羅馬等文化中，有什麼不同的故事？

熱力四射的

太陽

日頭炎炎，夏天的太陽總把我們曬得頭昏眼花，冬天時又讓人特別喜歡它帶來的溫暖。每天東升西落的太陽是地球最重要的能量來源，一起來認識它吧！

撰文／邱淑慧

炎熱的夏天，常常感覺頭上的太陽用盡全力在發威，曬得人頭昏眼花。有時候真希望它躲到雲裡面，讓我們可以涼快一點。但你有沒有想過，如果太陽真的不見了，會有什麼影響呢？

太陽是太陽系裡唯一會自己發光發熱的恆星，是太陽系主要的能量來源，沒有了太陽，地球就會是一顆無比冰冷的星球，你一定也知道，陽光、空氣、水是生命三要素，因此沒有了太陽，地球上也就很難有生命了。除了這些以外，太陽還造成地球上有白天黑夜和春夏秋冬的四季變化。

太陽有這麼多的重要性，你對它的認識有多少呢？

太陽的誕生

　　宇宙中，有許多由灰塵和氣體組成的星雲，在星雲裡面比較緻密的區域，灰塵和氣體會因為萬有引力而收縮聚集並且碰撞旋轉，慢慢變成漩渦一樣的扁平圓盤，大部分物質（絕大多數是氫原子）會逐漸旋轉到中間，在萬有引力造成的內聚壓力下擠在一起。氫原子核帶正電，彼此間具有庫倫斥力，本來是很難碰在一起的，但當聚集的物質非常非常多時，內聚的萬有引力也變得非常強大，超越了庫倫力的影響，造成氫原子核合併成氦原子核，並放出大量能量，這個過程稱為核融合。這種核反應比核電廠的核分裂反應劇烈很多，會產生巨大的能量，開始發光發熱，恆星於是誕生。

　　我們的太陽，就是在 50 億年前這樣的過程中誕生的。太陽形成之後，盤面上還剩餘一些物質，這些較小的碎屑碰撞、凝聚，有些就會形成地球等行星。但這些物質的量較少，不足以產生核融合反應，這就是為什麼地球、火星等行星不像太陽一樣會發光。

巨大的氣體球

　　太陽主要是由氫和氦構成，質量超過地

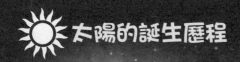

太陽的誕生歷程

❶宇宙中有許多有灰塵和氣體組成的星雲。

❷星雲的物質往中間聚集，
　形成旋轉的圓盤。

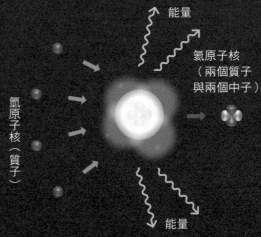

氫原子核（質子）

能量

氦原子核
（兩個質子
與兩個中子）

能量

▲在太陽內部的極高熱高壓環境下，氫原子的原子核會融合成氦原子核，並以光和熱的形式放出極高的能量，這個過程稱為「核融合」。

球質量的 33 萬倍，整個太陽系的總質量有 98％都在太陽的身上，但是它不像地球是固態的，而是一團巨大的高溫氣體。太陽到底有多大呢？其實在我們看見的太陽外圍，還有一大部分是我們平時看不見的。在日全食時，太陽遭到月球遮住，我們發現原來太陽外圍的氣體向外延伸的範圍可以達到好幾倍的太陽大小，和卡通影片裡面的太陽都有的光芒真有點像。這最外層的氣體稱為日冕，因為很稀薄，而太陽的中間部分又很明亮，所以平時不易看見日冕，只在日全食或是利用儀器把中間部分遮住才容易看得到。

太陽距離我們大約 1 億 5000 萬公里（我們把這個距離稱為「天文單位」），是光走八分鐘的距離，所以我們看到的太陽其實是它八分鐘前的樣子。這個距離聽起來非常遠，但和其他恆星與地球的距離比較起來，算是非常非常靠近。

雖然太陽對我們來說是如此獨特，其實太陽在宇宙中一點也不特別，它只是宇宙中數十兆顆恆星中的其中一顆，就像夜晚時天上的星星一樣，只是因為太陽距離我們很近，所以看起來比其他星星大且明亮。

▲在太陽的外圍有著高溫的日冕，在日全食時或把太陽中間部分遮住才看得到。

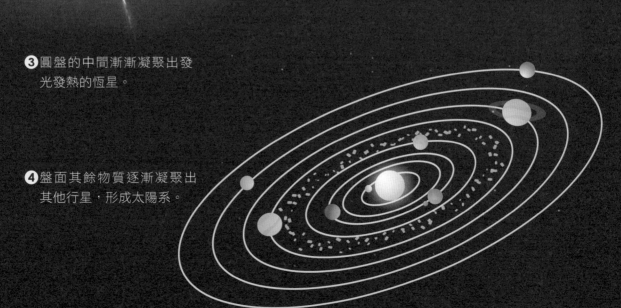

❸圓盤的中間漸漸凝聚出發光發熱的恆星。

❹盤面其餘物質逐漸凝聚出其他行星，形成太陽系。

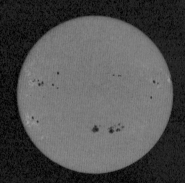

▲太陽黑子是太陽表面溫度較低的區域。

太陽臉上有黑斑？

平時的太陽看起來就是一個明亮的黃色圓盤，可是其實在這個明亮圓盤上，有著小小的特徵。

400 多年前，第一位使用望遠鏡觀看天空的科學家伽利略，他在觀看太陽時發現太陽表面有些顏色較暗的黑點，稱為「太陽黑子」。（注意：太陽強光會傷害眼睛，絕對不可以久視太陽，更不可以像伽利略一樣用望遠鏡觀看太陽，對眼睛會有很嚴重的傷害。）中國更早在春秋時代，就有書籍記載「日中有金烏」，這是因為古代的人觀看太陽，覺得太陽表面有黑暗斑點且形狀就像是三隻腳的黑色的鳥，後來「金烏」也成了中國古代對太陽的別稱。

太陽黑子其實是太陽表面溫度比較低的區域（太陽表面溫度約 6000 度，黑子溫度則約 4000 度），因為溫度比較低，所以看起來比周圍區域暗。但別看黑子在太陽表面只是小小的點，有些黑子的大小可以比地球大上許多。

太陽長耳朵？

太陽內部的核反應隨時都在進行，所以太陽一直保持著活動的狀態，利用衛星的拍攝，我們可以看到太陽有時會有突出表面看似火焰的構造，這是因為表面的高能量粒子隨著太陽的磁場而突出太陽表面，形狀有如是太陽的耳朵，稱為日珥（左上圖）。有時候磁場突然斷掉，能量大量釋放，會發生劇烈的閃光，稱為閃焰（右頁下圖）。這些都顯示太陽並不像外表看起來的那樣平靜，而是隨時都活躍著。不過活躍的程度是有變化的，科學家發現太陽的活動週期大約 11 年，

▶在高緯度地區有機
　會在天空中看到舞
　動的美麗極光。

也就是每隔 11 年太陽的活動會特別強。

　太陽的活動會使表面的物質脫離太陽，向外噴出，每年向外拋出的物質高達 1000 萬噸，不過對於太陽整體質量來說，這個數字微乎其微。太陽噴發出的這些大量高能量粒子，稱為太陽風，最遠可以抵達太陽系邊緣，因此當然也會抵達地球。但是還好地球有磁場的保護，當這些粒子到達地球外圍，會因為地球磁場而困在地球高空，也可能順著地球磁場而聚集到南北兩極的上空，與大氣作用產生美麗的極光。

　在約 11 年一次的太陽活動極大期時，日珥和閃焰等現象會更頻繁，看到極光的機率也大增，但是對地球可能會有危害。當太陽風增強，可能衝擊地球的磁場，進而影響地球的高壓電力系統，可能造成高緯度地區的大停電。這些大量的高能粒子也可能對地球上空的衛星造成損害，更會影響地球的大氣，進而干擾通訊系統。

　目前地球上空軌道上有多個衛星針對太陽觀測，隨時觀察它的活動，例如在太陽與日光層觀測站（SOHO）網站 http://sohowww.nascom.nasa.gov 可以看到太陽的許多影像和影片，你也可以直接看到太陽的活動情形，甚至是彗星撞上太陽的影片喔！

太陽的死亡

　　太陽會不會有毀滅的一天呢？根據天文學家的推估是會的，天文學家認為，太陽現在處於中年時期，大約還有 50 億年的壽命。恆星之所以能維持穩定的構造，是因為恆星內部核融合反應產生的巨大能量會把物質向外推，這股力量正好可以對抗萬有引力造成的向內收縮。然而太陽內部產生核融合反應的物質會有用完的一天，一旦太陽步入晚年，內部核燃料消耗完，太陽的內層會開始不斷收縮，外層則不斷膨脹，成為一顆體積非常巨大但溫度低的紅巨星，之後會繼續膨脹而散成星雲，星雲消散後，中間收縮成的核心則會顯露出來，成為又熱又小的「白矮星」，然後等到光和熱都逐漸散去後，成為黯淡看不見的「黑矮星」。　　科

作 者 簡 介

邱淑慧　中央大學天文研究所碩士，現任國立花蓮女中地球科學教師。

太陽死亡的歷程

❶**目前的太陽**處於反應平衡的穩定狀態。

❷50 億年後，太陽內部核燃料消耗殆盡，膨脹成**紅巨星**，體積可達原本的 100 倍，水星、金星、地球、火星可能都會涵蓋在太陽的範圍裡。

❸紅巨星繼續膨脹，會形成**星雲**，內層則收縮成白矮星。

❹星雲消散後剩下**白矮星**。

❺白矮星逐漸冷卻成黯淡無光的**黑矮星**。

熱力四射的太陽

國中地科教師　姜紹平

主題導覽

　　陽光、空氣、水，是讓生物能夠存活在地球上最重要的元素，其中陽光幾乎是地球上所有生物的能量來源。有了陽光，植物才能透過光合作用產生氧氣，也成為動物的食物，將部分來自陽光的能量轉移到我們體內。太陽的能量也間接影響了大氣變化，產生不同的天氣現象。現在人類甚至利用太陽光產生電能，提供科技發展所需要的能源。

　　然而，太陽並非一直存在於宇宙的歷史。隨著太空科學的發展，人們觀察並計算出太陽就如同宇宙中千萬個恆星一樣，經歷過出生、成熟、老化，最終也會走向燃燒殆盡的結局。同時，太陽表面的各種活動影響著地球和太陽系中其他行星，造成不同的奇特現象。若人類可以更加了解太陽，也許可以從中發現地球形成的祕密、更加理解宇宙。

關鍵字短文

　　〈熱力四射的太陽〉文章中提到許多重要的字詞，試著列出幾個你認為最重要的關鍵字，並以一小段文字，將這些關鍵字全部串連起來。例如：

關鍵字：1. 日珥　2. 太陽黑子　3. 太陽風　4. 星雲　5. 白矮星

短文：太陽並非只是發光這麼簡單。太陽表面其實有非常多劇烈的活動，如日珥、閃焰、太陽黑子等，而這些活動對地球造成不小的影響。例如劇烈的太陽風會使得衛星訊號中斷，導致地表通訊產生問題。最終，太陽也會有燃燒殆盡的一天，成為美麗的星雲與白矮星；而星雲會再度成為創造出新恆星的搖籃。

關鍵字：1.＿＿＿＿　2.＿＿＿＿　3.＿＿＿＿　4.＿＿＿＿　5.＿＿＿＿

短文：＿＿＿＿＿＿＿＿＿＿＿＿＿＿＿＿＿＿＿＿＿＿＿＿＿＿＿＿＿＿＿

＿＿＿＿＿＿＿＿＿＿＿＿＿＿＿＿＿＿＿＿＿＿＿＿＿＿＿＿＿＿＿＿＿＿＿

＿＿＿＿＿＿＿＿＿＿＿＿＿＿＿＿＿＿＿＿＿＿＿＿＿＿＿＿＿＿＿＿＿＿＿

挑戰閱讀王

看完〈熱力四射的太陽〉後，請你一起來挑戰以下題組。

答對就能得到👍，奪得 10 個以上，閱讀王就是你！加油！

☆太陽是地球上生物最重要的能量來源，請回答下面的問題。

（　）1.太陽之所以可以產生大量的光和熱，是因為進行何種反應而產生能量？

（答對可得 1 個👍）

①核分裂　②核融合　③燃燒氫氣　④燃燒氧氣

（　）2.太陽表面的溫度大約攝氏幾度？（答對可得 1 個👍）

①15000℃　②8000℃　③6000℃　④3000℃

（　）3.太陽距離地球的距離大約是多少？（多選題，答對可得 2 個👍）

①一個天文單位

②一個宇宙單位

③1 億 5000 萬公里

④光走約八分鐘的距離

☆太陽上的一些活動有時也會對地球造成影響，請根據文章回答問題。

（　）4.太陽表面發生什麼活動，會造成地球上的極光呢？（答對可得 1 個👍）

①日珥　②太陽風暴　③太陽黑子　④以上皆是

（　）5.科學家發現太陽活動週期約 11 年，也就是說每隔 11 年太陽的活動特別強，

可能會對大氣、人類生活造成哪些影響？（多選題，答對可得 2 個👍）

①海嘯

②干擾衛星訊號及通訊系統

③南北兩極上空出現美麗的極光

④地震

（　）6.太陽的表面活動對地球造成影響，是何種物質或能量從太陽向外擴散？

（答對可得 1 個👍）

①電磁波　②磁場　③帶電粒子　④以上皆是

☆太陽和所有恆星一樣有生命的週期，請回答下面的問題。

（　　）7.太陽的形成來自什麼樣的星體？（答對可得 1 個👍）

①黑洞　②小行星　③星雲　④彗星

（　　）8.太陽目前屬於青壯年的主序星時期，但當太陽老化時，下一個階段會變成下列何者？（答對可得 1 個👍）

①黑洞　②紅巨星　③超新星　④白矮星

（　　）9.太陽最終將成為白矮星，組成的物質也會改變，請問白矮星的主要組成物質是什麼？（答對可得 1 個👍）

①氮　②碳　③氫　④鐵

延伸知識

1. **錢德拉賽卡極限**：所有恆星都有燃燒殆盡的一天，當恆星不再進行核融合反應、產生足夠的能量去維持巨大的體積時，所有物質都會往恆星的中心塌縮。科學家發現，當恆星塌縮之後，它剩下的質量只要超過一定的數字（約 1.4 倍的太陽質量），這個恆星就有可能發展成為中子星或是黑洞。而這個質量的極限，就稱為錢德拉賽卡極限。

2. **赫羅圖**：在廣大的宇宙之中，存在無數個和太陽一樣的恆星，而這些大大小小的恆星也因為質量、溫度的不同，有著不同的顏色與不同的亮度。因此，科學家根據恆星的絕對星等、光度、光譜類型與有

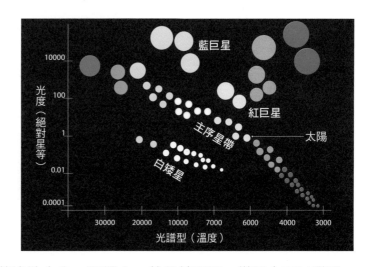

效溫度，將恆星依照這些數據散布在一張圖上，就是赫羅圖。從圖中可以發現，九成恆星都落在從左上角至右下角的帶上，這就是所謂的主序星帶，在主序星帶上的恆星則稱為主序星，而距離我們最近的恆星——太陽，也是主序星的一員。

3. **太陽黑子與地球氣候：**太陽黑子是太陽表面相對溫度較低的區域，雖然科學家已經知道太陽黑子的出現，常會伴隨著大量帶電粒子吹向地球，造成極光、通訊中斷、電器受損等影響，但其實太陽黑子的活動和氣候變遷也有關聯。科學家觀察到，太陽黑子的數量大約以 11 年為一個週期，呈現極多與極少的兩個狀態，也就是說，11 年間黑子的數量會從極多，逐漸減少到沒有，再增回極多的狀態。而科學家也發現，在太陽黑子數量極少的時候，氣球上的溫度，會比平均溫度低上許多。因此，科學家也推測，地球的冰河期、小冰河期，也許會和太陽黑子的活動有關，但是否真正有關，還需要長時間觀察。NASA 預測下一個太陽黑子極大值約在 2025 年出現。

延伸思考

1. 雖然太陽是一顆巨大的氣體恆星，但就像所有星體一樣，太陽內部依據密度的不同也有分層。查查看，太陽內部的分層長什麼樣子，特性又是什麼？

2. 太陽系只是銀河系中的其中一個星系。查查看，太陽位在銀河系中的什麼位置，與太陽最近的恆星又是哪一顆，距離多遠呢？

3. 2019 年 4 月，科學家公布了人類拍攝到的第一張黑洞照片。這是人類首次對於黑洞的存在有直接的證據。查一查，這張黑洞的照片是怎麼拍攝的，而不會發光的黑洞又長什麼樣子呢？

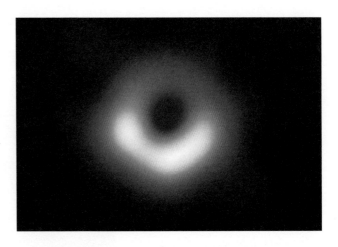

水資源大作戰

水是人類維生最重要的資源，
然而世界各地正面臨了各種缺水問題，
我們該如何面對這項挑戰呢？

撰文／林慧珍

你曾經看過電視節目《荒島求生營》嗎？參加者被送到太平洋上的無人島，帶著簡單的小工具，獨自展開為期一個月的荒島求生挑戰。他們在找好營地之後的第一件事情，通常是尋找乾淨的水源，如果水不夠乾淨，還要想辦法淨化。找水這件事情，優先順序高於覓食；沒能過關的人，通常都是因為缺水而生病退出，由此可見水對人類的重要性。

缺水的春天

我們從來不覺得水是多麼難以取得的資源，畢竟水龍頭一打開就有源源不絕的自來水可用。不過如果你常常關注新聞，應該會知道近幾年來臺灣發生過幾次缺水事件。

2014 年上半年，臺灣發生乾旱，西半部地區都拉起缺水警報。2015 年初，大面積的農田因為停止供應灌溉水而不得不休耕；到了 4、5 月間，缺水比較嚴重的地區，包括新北市、桃園市，還有新竹縣的部分地區，開始實施供水五天、停水兩天的輪流停水措施，一輪到停水日，居民就得事先儲水，相當不方便。其他的缺水縣市也紛紛限制用水，從工廠、洗車場、游泳池等比較不會直接影響民生的地方先減少供水。

那段時間，缺水每天占據新聞版面，大家

都在關心幾座重要水庫的水位：石門水庫幾乎快乾了，原本被水淹沒的土地公廟竟然重現江湖；日月潭九隻泡在水裡的石蛙也成了旱蛙。還好後來各地陸續降雨，及時解除了缺水警報。

沒雨乾旱、大雨淹水的臺灣

2015 年夏天，蘇迪勒颱風侵襲臺灣，突來的暴雨卻又讓許多地區變成水鄉澤國，其中新北市的三峽和烏來災情特別慘重，大雨造成山洪暴發，土石流滾滾而下，淹沒了民宅，也讓道路中斷。

一下子水不夠用，一下子水多到土地無法承受，這種情形，在臺灣其實並不罕見。2009 年 8 月莫拉克颱風曾在南臺灣造成重大災情，可是就在莫拉克颱風侵襲臺灣之前，大概有長達近一年的時間，從離島的馬祖到臺灣本島的北部地區，還因為持續的少雨而傷透腦筋，政府必須在不同區域之間調配用水，管制農業、民生及工業用水總量，甚至透過執行人工增雨等方法來因應這場異常的乾旱。

你們可能還聽爸爸媽媽說過，在 2001 年時，納莉颱風造成大臺北地區大淹水，許多大樓地下室和捷運站都變成了超大蓄水池，很長一段時間，臺北捷運系統無法運作，辦公大樓忙著清理汙泥，當時花了好大一番功夫，居民的生活才慢慢恢復正常。但是就在納莉風災過後的第二年，北臺灣雨量變少，翡翠水庫、石門水庫的水位都降到前所未有的歷史低點，大臺北地區開始實施大規模限水，翡翠水庫的發電廠還一度因為水位太低而暫停發電。

生在臺灣的我們對下雨並不陌生，臺灣的年平均雨量高達 2500 毫米，是世界平均值（約 900 毫米）的 2.8 倍，算是雨量很高的地區。只是臺灣不同區域在不同季節的下雨量差距很大，例如 5 ～ 10 月之間是豐水期，一整年的降雨量有七成都下在這段期間。我們必須在雨量豐沛的時候留住雨水，供雨量較少時使用，偏偏臺灣的地形高低落差極大，河川水流湍急，颱風及豪雨帶來的雨水總是急促流入海洋，要把雨水留存下來，有一定的難度。

水庫解不了的渴

從很早以前，來臺灣開墾的先民就懂得挖掘埤塘及鑿建引水道，來儲藏及調節灌溉用水，1846 年臺灣就有了第一座水庫「虎頭埤」，做為臺南地區的灌溉水源，後來各地

臺灣農業用水
占總用水量
71%

又陸續興建了現代化的水庫。但是存水的量總是跟不上需求的成長，往往沒辦法完全滿足用水的需求。

臺灣愈來愈缺水的主要原因，一方面是需求的增加，包括人口持續成長、人們生活水準提高，以及工業發展的需水量愈來愈高。另一方面，我們的水庫經過多年的使用，泥沙淤積減少了水庫的容量。以臺灣現在的環境，要再興建新的大型水庫也不太可能，這些都是讓水資源愈來愈吃緊的原因。如果再有水源遭受汙染的情況發生，我們能用的水又更少了。

全球氣候變遷對臺灣的氣候型態也會產生影響，過去我們已經適應多年的氣溫和降雨模式，很可能因此改變，例如原本降雨較少的季節變得更乾旱，而暴雨可能變得更常見，這些不確定性提醒我們思考，該如何因應這樣的轉變。

全球都缺水

事實上，不是只有臺灣有缺水的問題。美國的加州已經連續數年嚴重乾旱，還不時傳出森林大火的新聞，農田更因為缺水而休耕，致使農業經濟受到很大的衝擊。而在南美洲智利和巴西，也發生百年少見的大乾旱，水庫蓄水量不到 10％，一些經濟及社會問題也隨之浮現。澳洲的昆士蘭省有部分村落甚至可能因為乾旱而面臨遷村的命運。

缺水已經是一個全球的現象，聯合國在 2015 年報告指出，目前有 16 億人居住在水資源稀少地區，到 2050 年時，全球人口預估將衝破 90 億大關，需水量會比現在增加 55％左右，到那時候，地球上大約有四成人口住在嚴重缺水的地區，非洲、中東和亞洲大部分地區都將是缺水衝擊最嚴重的區域。

水源短缺會讓水資源分配不均的問題更加嚴重。在水源不豐的國家，要怎樣才能恰如其分的把水庫裡有限的儲水分配給工廠、農田以及居民，往往是令政府頭大的難題。在同一個國家裡分配水都這麼兩難了，若是好幾個國家共享同一流域的水資源，問題就更複雜了，甚至還有可能引發國家之間的搶水大戰，造成區域衝突。

此外，發電和糧食生產也需要用水，一旦水源短缺，能源及糧食短缺問題會變得更為嚴重。印度曾在 2012 年夏天發生過兩起造成 6 億 2000 多萬人無電可用的大規模電力網故障事件，就是因為嚴重乾旱缺水，農民大量使用抽水機抽取地下水來灌溉農田，結果用電量激增，終於讓水力發電廠因無法負荷而癱瘓。

缺水戰役，科技來助拳

面對水資源日益短缺的嚴峻挑戰，科學家也開始嘗試新的技術，來開發新的水源。例如以色列、沙烏地阿拉伯等中東國家以及美國，便大量利用海水淡化技術，將鹹水變成能夠使用的淡水，日本及臺灣也在離島興建海水淡化廠來紓解用水不足的問題。

在美國加州的聖地牙哥和聖克拉拉市，則嘗試把都市用過的廢水經過處理後，再用來灌溉農田、澆花、沖洗或供應工廠使用，或者送回水庫經稀釋，再次淨化做為飲用水；

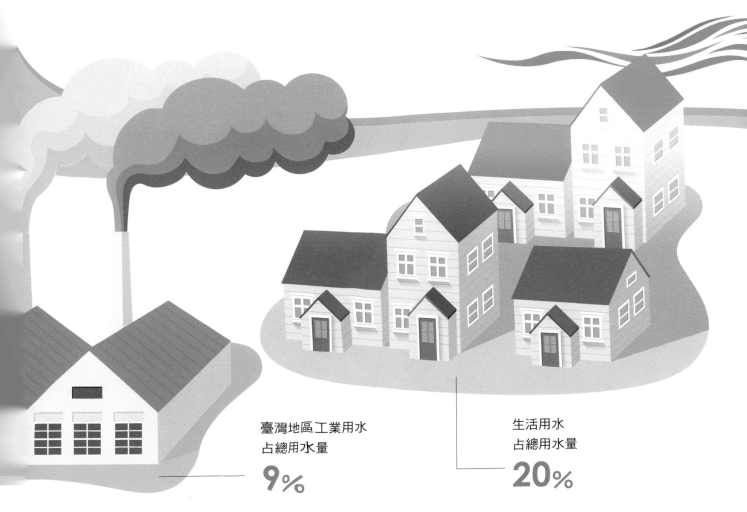

臺灣地區工業用水
占總用水量

9%

生活用水
占總用水量

20%

臺灣某些地方也有類似的做法，在人口較密集的社區公園的路邊設置水龍頭，免費供應處理過的家庭回收廢水，讓社區居民可以用來洗車、澆花。

同樣的道理，耗水驚人的工廠也可以回收製造過程中產生的廢水，用在對於水質要求比較低的其他用途，藉此省下水資源。占用水資源最多的農業，只要能改進灌溉的技術，就能填補民生用水的不足。另外，根據自來水公司的資料，2014 年臺灣的自來水管漏水率高達 18%，一整年漏掉 5.77 億公噸的水。如果能汰換漏水水管，就能夠省下大量的水。

以虛擬水概念節省資源

人類不只利用科技上的創新來紓解水資源問題，1990 年代倫敦大學的艾倫（John Anthony Allan）教授提出了「虛擬水」的概念，提供了人們一個評估水資源利用的工具。「虛擬水」指的是生產糧食或產品時所耗用的水資源，也就是在我們買進某項農產品時，也等於買進了生產這項產品所耗用的水資源。人們在水資源較為充裕的地區種植小麥，再將小麥出口到水資源匱乏的國家，等於將隱含在小麥生產背後的這些水資源輸出到缺水國家，讓當地居民不必耗費水資源種植小

生產要耗多少水？

生產各種食品背後的虛擬水成本（單位：公升／公斤），舉例而言，生產一公斤的咖啡豆，背後包含種植、採收、加工等，總共要消耗 21000 公升的水，相當驚人。

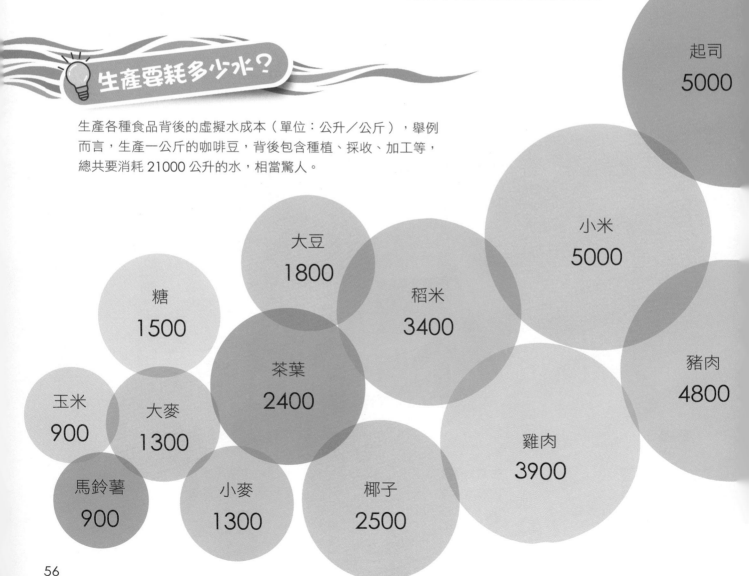

起司 5000

小米 5000

大豆 1800

糖 1500

稻米 3400

豬肉 4800

茶葉 2400

玉米 900

大麥 1300

雞肉 3900

馬鈴薯 900

小麥 1300

椰子 2500

牛肉
15500

咖啡豆
21000

棉花
11000

皮革
16600

綿羊肉
6100

克的蘋果的水足跡是 70 公升水，而生產 200 毫升蘋果汁需要 190 公升的水，在選擇吃蘋果或喝果汁的時候，或許你會有不同的想法。

另一方面，不管是核能發電還是火力發電，發電廠的運作需要大量冷卻水，當我們在討論到底哪一種發電方式最適合臺灣的時候，也應該把水資源的因素考慮進去。所以，千萬不要輕忽隨手關燈、電器不用時拔去插頭這些小動作，因為在隨手關電源的同時，等於幫忙鎖緊了地球的水龍頭。

麥，這樣的「虛擬水貿易」有助於平衡水資源分配不均的問題。

我們也可以透過在日常生活裡的實踐，來節約水資源，像是在購買食物及消費各種不同產品的時候，可以引用從「虛擬水」延伸出來的「水足跡」概念，來判斷不同消費方式的省水指數，做出更明智的選擇。

舉例來說，如果你知道生產一顆 100 公

作 者 簡 介

林慧珍　從小立志當科學家、老師，後來卻當了新聞記者以及編譯，最喜歡報導科學、生態、環境等題材，為此上山下海都不覺得辛苦。現在除了繼續寫作、翻譯，也愛和兩個兒子一起玩自然科學，夢想有一天能夠成為科幻小說作家。

水資源大作戰

高中自然科教師　趙思天

主題導覽

2020 年夏季，臺灣沒有颱風過境，專家警告，接下來恐有缺水問題；當年 9 月，各縣市政府開始呼籲國人節約用水，並積極尋找解決之道；11 月時各縣市大多已達休耕標準，政府忍痛宣布一期農作物休耕，不少農民只能眼看辛苦半年的農作物就此無法收成。

另一方面，同年 11 月底，新北市瑞芳到侯硐段火車鐵軌因連日豪雨，造成路基流失，因而爆發土石流掩蓋瑞芳到侯硐間的火車鐵軌，火車因此停開兩週以上。12 月起，中南部許多水庫有效蓄水量早已大幅降低，再不下雨，專家評估可能撐不到隔年春季……臺灣經常面臨「水資源大作戰」，當然得培養日常節約用水的好習慣。

閱讀完文章後，你可以利用「關鍵字短文」和「挑戰閱讀王」來了解自己的理解程度，並思考如何有效利用水資源。

關鍵字短文

〈水資源大作戰〉文章中提到許多重要的字詞，試著列出幾個你認為最重要的關鍵字，並以一小段文字，將這些關鍵字全部串連起來。例如：

關鍵字： 1. 年雨量　2. 水資源分配　3. 自來水　4. 珍惜水資源　5. 節約用水

短文： 臺灣雖然年雨量高達 2500 公釐，是全球平均值的 2.8 倍以上，卻得面對水資源分配不均的問題，而臺灣每人每天自來水用水量約為 200 公升，每度水（1000 公升）不到 10 元，許多民眾因此不珍惜水資源。除了珍惜水資源，我們也必須思考下一代的用水問題，更需要隨時有警覺性，擬定策略與方法，平時就要養成節約用水的習慣，以免無水可用時，為期已晚。

關鍵字： 1.＿＿＿＿　2.＿＿＿＿　3.＿＿＿＿　4.＿＿＿＿　5.＿＿＿＿

短文： ＿＿＿＿＿＿＿＿＿＿＿＿＿＿＿＿＿＿＿＿＿＿＿＿＿＿＿＿

＿＿＿＿＿＿＿＿＿＿＿＿＿＿＿＿＿＿＿＿＿＿＿＿＿＿＿＿＿＿＿

＿＿＿＿＿＿＿＿＿＿＿＿＿＿＿＿＿＿＿＿＿＿＿＿＿＿＿＿＿＿＿

挑戰閱讀王

看完〈水資源大作戰〉後，請你一起來挑戰以下題組。

答對就能得到👍，奪得 10 個以上，閱讀王就是你！加油！

☆ 2014 年上半年，臺灣發生乾旱，西半部地區都拉起缺水警報。2015 年初，大面積的農田因為停止供應灌溉水而不得不休耕。

（　　）1.臺灣每逢缺水問題，政府想解決時，第一個想到與最容易被犧牲的行業為何？（答對可得 1 個👍）
①工業　②商業　③軍警　④農業

（　　）2.下列何者不是臺灣愈來愈缺水的原因？（答對可得 1 個👍）
①人口增加　②糧食需求增加
③雨季長　④工業需求增加

☆臺灣不同區域在不同季節的降雨量差距很大，例如 5 ～ 10 月之間是豐水期，一整年的降雨量有七成都在這段期間。

（　　）3.臺灣年平均雨量 2500 公釐，是世界平均值的 2.8 倍，為何臺灣在這樣的情況下還會缺水？（答對可得 1 個👍）
①雨水無法儲存　②雨量分布不均
③太陽很快蒸發雨水　④居民不儲水

（　　）4.當水源發生短缺時，下列何者不是連帶產生的問題？（答對可得 1 個👍）
①戰爭　②糧食短缺　③能源危機　④人口老化

☆從很久以前，來臺灣開墾的先民就懂得挖掘埤塘及鑿建引水道，儲藏及調節灌溉用水。請回答下列問題。

（　　）5.古老先民從開墾的經驗中，認為如何解決灌溉用水與日常用水的難題？
（答對可得 1 個👍）
①雨量多的季節才耕作　②雨量多的季節多種點作物
③多挖井　④使用埤塘與引道

（　）6.臺灣第一座水庫為下列何者？（答對可得 1 個👍）

①阿公店水庫　②翡翠水庫

③石門水庫　④虎頭埤水庫

（　）7.水庫水位太低，將造成暫停發電，原因可能為下列何者？

（答對可得 1 個👍）

①無法提供足夠位能發電

②水量不足能量不夠

③水量不足無法提供電能

④無法提供足夠動能

☆人類不只利用科技上的創新來紓解水資源問題，1990 年代倫敦大學的艾倫教授提
　出了「虛擬水」的概念，可做為人們評估水資源的工具。

（　）8.虛擬水指的是生產糧食或某種產品時所耗用的水資源，其意義與下列何者
　　　相當？（答對可得 1 個👍）

①碳足跡　②綠色商品　③綠建築　④水資源評估

（　）9.為何隨手關燈、電器用品不用時拔掉插頭等省電做法，也是幫地球節省水
　　　資源？（答對可得 1 個👍）

①水力發電　②火力發電

③發電需要水冷卻機組　④省電即可少用水

（　）10.核能電廠與火力發電廠的運作需要使用水資源，下列有關這兩者的敘述，
　　　何者為非？（答對可得 1 個👍）

①皆需要水冷卻機組

②皆需要水進行發電

③皆蓋在海邊

延伸知識

1. **枯水期**：一年中降雨量特別稀少的時期，此時容易出現乾旱缺水的現象。以臺灣為例，基隆的枯水期在 4 月到 8 月，臺中在 10 至 2 月，高雄在 10 至 4 月。

2. **伏流水**：下雨時，部分雨水會滲入土壤，在河床下流動，就是伏流水。伏流水在地表下礫砂地層內流動，不會受旱災影響，極具開發的潛能。

延伸思考

1. 除了日常節約用水外，有些人認為臺灣水價相對偏低，提議以價制量，你認為這麼做好嗎？

2. 每當乾旱到來，農業往往會因此停灌休耕，請你幫農夫想想辦法，如何增加農地用水效率，或是你建議他們改種哪些需水量較低的作物呢？

終極天災 大地震與海嘯

為什麼會有大地震？有時候還伴隨著海嘯？

大地震與海嘯的發生是可以預測的嗎？

這回讓地球偵探告訴大家，很多自然現象是人類沒有辦法對抗的，

大地震就是其中之一。

撰文／周漢強

西元 2011 年 3 月 11 日，一個平凡的星期五下午，在日本東北仙台市東方 70 公里遠的海床底下，發生規模 9.0 的大地震。經過兩分鐘左右的天搖地動，緊接而來的是刺耳的海嘯警報聲響，日本氣象廳估計有高達 6 公尺的海嘯。沒想到 10 分鐘之後，第一波抵達日本東北海岸的海嘯就超過 6 公尺，後續第二波、第三波更凶猛的海嘯持續襲來，在一個小時內，最高 19 公尺（差不多六層樓高）的海嘯淹沒日本東北沿海 500 平方公里（相當於兩個臺北市）以上的面積，造成超過一萬人死亡，一百萬棟房屋被摧毀，其中甚至包括了一座核能發電廠。

雖然這已經是十年前的場景了，可是恐怖的災難讓人揮之不去。很多人一定想問，究竟為什麼會有這麼恐怖的大地震？又為什麼地震之後會有海嘯？同樣生活在地震帶的我們，該怎麼面對這樣未知的災難？

繪圖：張國瑞、曾聿華

誰讓地牛翻身了！？

其實大地震的發生原因，就跟我們在〈誰讓火山生氣了！？〉（參見《科學閱讀素養地科篇：地球在變冷？還是在變熱？》）這篇文章所提到的「板塊運動」有關。地球表面的板塊就像茶葉蛋表面破掉的蛋殼，每一塊各自往不同的方向前進，於是在交界的地方，板塊就會互相推擠、拉扯，導致板塊破裂或錯動，引發地震。所以攤開世界各地的地震分布圖可以發現，幾乎所有的地震都發生在板塊交界處附近。而且臺灣和日本一樣，位在地震相當頻繁的地震帶上。

日本的 311 地震，是發生在太平洋板塊和日本東北所在的北美洲板塊交界地帶。太平洋板塊要在板塊交界處向下隱沒，卻和北美洲板塊卡在一起，沒辦法順利隱沒。於是持續推擠的力量把交界處兩邊的板塊都擠到變形，卡住的地方就必須承受愈來愈大的力

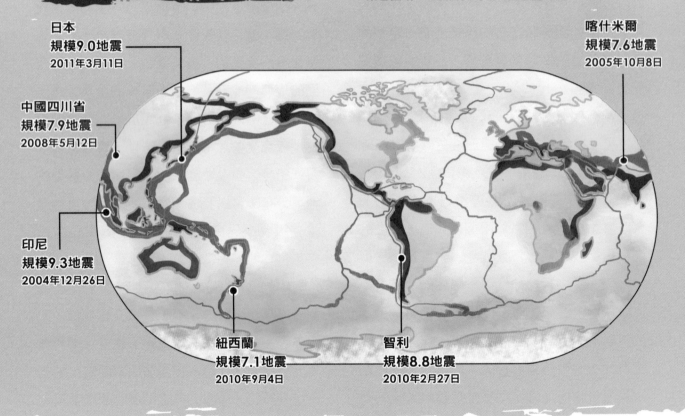

全球地震及海嘯發生風險圖與近代大地震

紅色區域：地震較頻繁的地帶
藍色區域：可能發生海嘯的地區
（風險由高至低以深藍、中藍、淺藍表示）
紫色區域：地震區與海嘯地區重疊之處

日本
規模9.0地震
2011年3月11日

中國四川省
規模7.9地震
2008年5月12日

印尼
規模9.3地震
2004年12月26日

紐西蘭
規模7.1地震
2010年9月4日

智利
規模8.8地震
2010年2月27日

喀什米爾
規模7.6地震
2005年10月8日

量。當最後累積的力量大到可以把隱沒板塊往下推動的瞬間，先前變形的板塊就會彈開，然後恢復成原來的形狀，而這個彈開的過程所釋放的能量，就會造成地震。

這就像你拿著一塊泡麵，兩隻手從左右兩邊想要用力把泡麵掰斷，泡麵一定會先微微拱起來，然後在斷掉的一瞬間彈開、各自恢復成兩塊原來扁平的形狀，同時噴出一些碎掉的泡麵，這個現象和地震發生的原理就是一樣的。

板塊彈開變形的過程，會讓板塊位移。在 311 地震發生之後，整個東半部的日本都向東移動了 10 公分以上，日本的中心點（在東京市內）也向東移了 27 公分，日本東北陸地向東移動最多將近 6 公尺、下沉將近 1 公尺，在板塊交界地帶的海床甚至向東最多移動了 50

看我用泡麵實證地震原理！

啊！碎屑都掉了……好可惜……

公尺以上（見下圖），顯見在地震發生之前，整個日本東北都被太平洋板塊往西邊推擠到嚴重變形的程度。

估計這一次發生地震時「彈開」的板塊範圍，南北方向大約有 500 公里長，東西方向大約有 200 公里寬，與臺灣 921 地震時錯動的斷層長度大約 100 公里相比要大得多，所以釋放的能量也是 921 地震時的好幾百倍。地震會釋放出多少能量，取決於板塊的交界帶有多長，還有板塊累積的變形有多嚴重。在板塊交界帶愈長、板塊變形愈嚴重的狀況下，當板塊發生錯動時，彈開恢復所釋放出來的能量自然也就更巨大。

如果規模很大的地震發生在地表附近，劇烈的震動自然會造成地面上建築物嚴重的損壞，像是 921 地震的規模只有 7.3，可是因為地震深度不到 10 公里，所以當時造成臺灣非常大的災害。但是，如果大地震不是發生在陸地表面附近，而是發生在海床的表面，就可能會造成另外一種巨大的災害——海嘯。

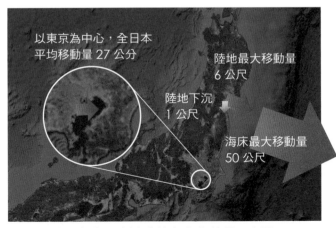
▲ 311 地震在東日本造成的各處位移量示意圖

以東京為中心，全日本平均移動量 27 公分
陸地最大移動量 6 公尺
陸地下沉 1 公尺
海床最大移動量 50 公尺

地震發生的機制示意圖

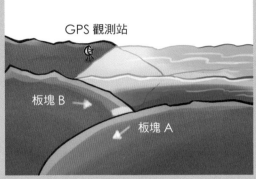

GPS 觀測站

板塊 B
板塊 A

❶板塊 A 隱沒在板塊 B 下方時，在黃色區域發生兩個板塊卡住的現象。

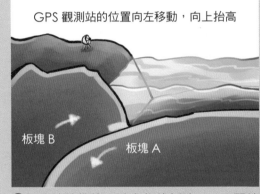

GPS 觀測站的位置向左移動，向上抬高

板塊 B
板塊 A

❷板塊持續推擠，被卡住的板塊 A、B 開始發生變形。

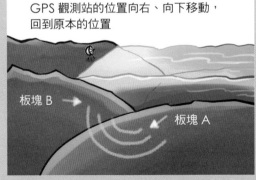

GPS 觀測站的位置向右、向下移動，回到原本的位置

板塊 B
板塊 A

❸原本卡住的區域滑動，變形的板塊彈開、恢復到接近原本的位置，並釋放能量，造成地震。

地震規模 vs. 震度

地震的能量會從板塊彈開或斷裂的地方往四面八方傳遞，距離震央愈近的地方，就會愈明顯感受到地表的晃動，我們根據儀器所觀測到地表晃動的程度來把地震強度分級，稱為震度。

目前臺灣把震度分成 0 到 7 級，其中 0 級是只有儀器能夠記錄到的地表晃動，一般人體感受不到；1 到 7 級則是人體感受得到的晃動，通常 5 級以上的晃動就有可能造成災害。

除此之外，地球偵探還會根據地表晃動的程度，以及測站與地震發生位置的距離，來估算地震規模，也就是釋放能量的多寡，例如測站明明距離震央很遠，卻搖晃得很明顯，就表示地震規模很大。

地震規模大小每相差 1，估計能量的大小就相差 32 倍左右；規模大小相差 2 時，能量的大小就相差 32 的 2 次方倍（大約 1000 倍），以此類推。規模 6.0 的地震所釋放能量大約等於廣島原子彈的威力，而規模 9.0 的日本 311 大地震，能量當於三萬多顆廣島原子彈的爆炸威力！

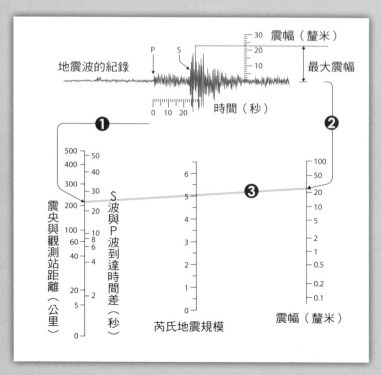

在電腦計算還不普及的年代，地震測站會先把地震規模、地震距離和地表晃動程度的數學關係計算好，然後利用上圖估算芮氏地震規模（ML）。估算方式如下：

❶ 觀察 P 波和 S 波到達觀測站的時間差（24 秒），對照出震央和觀測站之間的距離（約 205 公里），標示在最左邊的尺上。

❷ 觀察地震觀測站所觀測到地表最大的震動幅度（22 釐米），標示在最右邊的尺上。

❸ 把左邊尺上的觀測值和右邊尺上的標記連線，在中間尺上面經過的數字（5）就是這次地震的規模。

海底大地震，海嘯兇猛來襲

在海面下發生大地震的時候，常常會引發大規模的海嘯。這是因為大地震通常是由非常長的斷層錯動所引發，如果這個錯動發生在海底下，就會造成一個波長很長的海浪。日本 311 地震時，海床上出現了大約 500 公里長、200 公里寬的板塊錯動，形成一個波長數百公里的海浪。當海浪漸漸從深海向淺海移動，愈來愈淺的海床會阻礙海浪的前進，於是海浪的前緣就會愈來愈慢，海浪的後面漸漸追上來，海浪的波長就會慢慢縮短，但浪高會愈來愈大。一般的海浪波長只有幾公尺，到達岸邊的浪高最多就只有幾公尺；但如果是波長數百公里的海浪，在到達岸邊的時候，就有可能形成 10 幾公尺高的海嘯。

其實 10 幾公尺的浪高還不是海嘯最可怕的地方，衝浪選手比賽時的浪高往往也有好幾公尺，並不怎麼可怕。海嘯威力驚人的地方是在於它不只是浪很高，而且波長還很長，因此海嘯不會像一般的海浪衝上岸之後馬上就退回大海。海嘯的波浪在波高最高的浪頭到達海岸之後，後方的海水還是會持續不斷的湧到岸上，把海水往陸地的方向推進。所以只要是海水經過之處，不管是道路或建築物，都很容易被沖垮。

日本 311 地震所引發的海嘯，最高的浪高是 10 幾公尺，卻持續推向陸地上高度達 40 幾公尺的地方，覆蓋了超過 500 平方公里的範圍，造成日本無比巨大的損失，這就是海嘯最可怕的地方。

大地震可以預測嗎？

既然大地震這麼可怕，那我們有沒有可以預測地震的方法呢？

前面有提到，板塊因為擠壓而變形到一定

▲ 2011 年發生的日本 311 大海嘯，巨浪沖上陸地，造成巨大的損害。

程度的時候，就有可能會彈開、錯動而造成地震。既然如此，如果我們持續監測板塊邊界附近的地表變形，是不是就可以預測大地震什麼時候會發生呢？理論上可以！目前世界各國都陸陸續續在板塊交界的地方，架設全球衛星定位系統（GPS）來持續監測地表的變形，希望能夠在大地震發生之前提出預警。發生 311 大地震的日本東北地區，在地震前兩個月所發表的調查報告就曾經提出，這個區域在未來 30 年發生規模 7.1 到

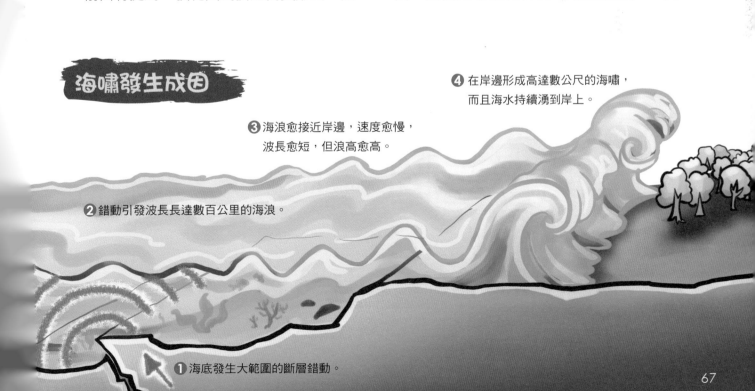

海嘯發生成因

❹ 在岸邊形成高達數公尺的海嘯，而且海水持續湧到岸上。

❸ 海浪愈接近岸邊，速度愈慢，波長愈短，但浪高愈高。

❷ 錯動引發波長長達數百公里的海浪。

❶ 海底發生大範圍的斷層錯動。

測P波，搶先預警

地震發生時所放出的震波分為兩種，一種是跑得較快（秒速約 7 公里）但震幅較小、較不會造成傷害的 P 波，另一種則是跑得較慢（秒速約 4 公里）但震幅較大、破壞力較大的 S 波。地震預警系統的原理，就是用地震觀測站偵測先到的 P 波，再花費數秒時間計算地震大小跟發生位置，然後趕緊把計算結果用手機簡訊、電腦網路、廣播和電視畫面通知鄰近區域，讓一般民眾在 S 波到達之前，爭取到預做準備的時間。

日本 311 地震時，日本氣象廳的地震預警系統在 8.6 秒之內就完成了地震的計算，然後發出預警。所以即使是最靠近海邊的幾個城鎮，至少都爭取到 10 秒以上的準備時間，相隔 300 公里左右的首都東京，則是爭取到大約 1 分鐘，避免了許多可能的傷害。至於大地震引發的海嘯，由於移動速度比地震波更慢，所以可以利用同樣的原理發布預警。

7.6 地震的機率高達 90%，結果兩個月之後，這個地方真的發生大地震了。

可是，311 地震是規模 9.0 耶！為什麼預測只有 7.1 到 7.6 ？因為根據日本東北地區過去 400 年來所有的地震紀錄，這裡最大只有發生過規模 7 左右的地震，所以地震預測才會以規模 7.1 到 7.6 的地震發生機率做預測，而且地震發生機率雖然高達 90%，卻是以 30 年為單位，實在不符合人們的需要。

這表示目前的地震預測還是受限於過去的紀錄太少，而板塊移動的速度又極為緩慢，只要這個速度有一點點變化，就可能讓板塊發生錯動的時間改變 10 年或 100 年。更何況那麼巨大的板塊，構造和堅硬程度又不是每個地方都一樣，只要板塊的構造也有一點點不同，地震的規模大小和發生時間恐怕又會有很大的差距。目前我們只能推測地球內部「大概」的狀況，想要精準預測大地震何時會發生，還是困難的任務。

▲車籠埔斷層保存園區裡裝有地震預警系統，能在主要震波傳遞到這裡之前幾秒鐘發出警報。

防災準備才是王道

雖然我們還無法準確預測大地震發生時間，但如果能在遠處發生大地震之後，而地震波還未到達之前就發出警告的話，應該也能爭取幾十秒到幾分鐘的寶貴時間來關瓦斯或是躲到安全的地方。像是時速數百公里的高鐵，只要能夠在大幅震動的震波到達前幾秒鐘開始煞車，也許就能避免出軌意外所造成的大量傷亡。這種迅速將地震訊息發送到周邊區域的警報系統叫做「地震預警」，目前日本跟臺灣都很積極的在建置這套系統（見左頁〈測 P 波，搶先預警〉一欄）。

即使是日本這樣準備充分的國家，遇到 311 地震這種史無前例的大地震與海嘯，仍避免不了損失。原本 10 公尺高的海堤已經能防護過去 400 年所有有紀錄的海嘯，卻在一瞬間就被海嘯淹沒，真的讓人很洩氣。幸好當地居民平時就有災難演習，所以在海嘯警報發布之後，絕大多數的居民都得以避難到安全的地方，讓死傷人數降到最低。不倚仗著海堤的防護，未輕忽災難發生時的危險，這種態度是最值得我們學習的。

我們很容易理解大地震或是海嘯的基本原理，但即使是地球偵探，也沒有足夠的科學工具可以事先知道大地震何時會發生。所以我們除了要繼續研究更多科學的工具、更深入了解地球的性質之外，平時的防災演練也要認真參與，才能夠在真正發生危難時，立即做出正確的反應。 科

周漢強　臺中市清水高中地球科學老師，人稱「強哥」，經營部落格「新石頭城」。從高中開始熱愛地球科學，除了地科之外，他也熱愛加菲貓。

終極天災：大地震與海嘯

高中自然科教師　趙思天

主題導覽

2020 年 12 月 10 日晚間約 9 點 17 分，正當大家準備就寢，突然一陣天搖地動，不少人奪門而出，新聞也立即報導了這起地震，震度規模約七，地震深度 76 公里，震央在宜蘭地區，各地震度多為四級。

這起地震讓不少人想起日本福島地震，以及臺灣的 921 大地震，多數人仍心有餘悸。地震的震央如果在海面上，容易引起海嘯，海嘯造成生命財物的損失並不亞於地震災害；以日本福島大地震而言，更直接造成核電廠機組的毀損，引發核輻射外洩事宜，顯示地震與海嘯的連帶關係，不得不謹慎看待。

閱讀完文章後，你可以利用「關鍵字短文」和「挑戰閱讀王」了解自己對這篇文章的理解程度，更加認識地震與海嘯。

關鍵字短文

〈終極天災：大地震與海嘯〉文章中提到許多重要的字詞，試著列出幾個你認為最重要的關鍵字，並以一小段文字，將這些關鍵字全部串連起來。例如：

關鍵字：1. 地震　2. 板塊移動　3. 能量釋放　4. 海嘯　5. 地震預警

短文：地震的發生是因為板塊移動，造成能量釋放，然而難以預測，也容易釀成重大災難，舉凡唐山大地震、四川汶川大地震、南亞大地震、日本福島 331 大地震、臺灣 921 大地震，都令人怵目驚心。海面下發生大地震時，常會引發大規模海嘯，2004 年發生在印尼蘇門答臘附近的大地震，就引發浪高達 15 ～ 30 公尺的海嘯。地震帶來的災害不可小覷，研發地震預警系統一方面可提升民眾警覺，一方面可增加約 10 ～ 20 秒的避難時間，減少損失。

關鍵字：1.＿＿＿＿＿　2.＿＿＿＿＿　3.＿＿＿＿＿　4.＿＿＿＿＿　5.＿＿＿＿＿

短文：＿＿＿＿＿＿＿＿＿＿＿＿＿＿＿＿＿＿＿＿＿＿＿＿＿＿＿＿＿＿＿＿＿＿＿＿＿

＿＿

挑戰閱讀王

看完〈終極天災：大地震與海嘯〉後，請你一起來挑戰以下題組。

答對就能得到👍，奪得 10 個以上，閱讀王就是你！加油！

☆地球表面的板塊就像茶葉蛋表面破掉的蛋殼一樣，每一塊都各自朝著不同的方向
　前進，於是板塊交界的地方，板塊會互相推擠、拉扯，導致板塊破裂或錯動，引
　發地震。

（　　）1.大地震發生的原因，與下列何者無關？（答對可得 1 個👍）
　　　　　①鰲魚換肩　②板塊運動
　　　　　③板塊移動　④板塊分裂

（　　）2.日本 311 大地震，發生在哪些板塊之間？（答對可得 2 個👍）
　　　　　①歐亞大陸　②太平洋與北美洲
　　　　　③太平洋與南美洲　④非洲大陸與太平洋

（　　）3.在地球板塊擠壓彈開後，最後將會造成板塊產生何種現象？
　　　　　（答對可得 1 個👍）
　　　　　①變形　②地震　③破損　④消失

☆估計日本 311 大地震「彈開」的板塊範圍，南北方向大約有 500 公里長，東西方
　向大約有 200 公里寬，與臺灣 921 地震時錯動的斷層長度大約 100 公里相比要
　大得多，所以釋放的能量也是 921 地震時的好幾百倍。

（　　）4.地震釋放出來的能量，與板塊的什麼特徵最有關係？（答對可得 1 個👍）
　　　　　①高度　②交界帶長度　③彈性係數　④寬度

（　　）5.以 921 地震相同規模等級的地震而言，發生在陸地上造成屋毀、樹倒、路
　　　　　塌等現象，若發生在海底，將造成何種情況？（答對可得 1 個👍）
　　　　　①魚類死亡　②溫度增高　③海嘯　④風大雨大

☆地震的能量會從板塊彈開或斷裂的地方往四面八方傳遞，距離震央愈近的地方，就會愈明顯感受到地表的晃動，我們根據儀器所觀測到地表晃動的程度，把地震強度分級，稱為震度。

（　）6.臺灣的地震震度分為幾級？（答對可得 1 個👍）
　　　①1～5 級　②0～5 級
　　　③0～7 級　④1～7 級

（　）7.地震造成的海嘯威力驚人，原因不在於浪頭高，而在於下列哪個選項？
　　　（答對可得 1 個👍）
　　　①海浪的波長　②頻率　③震幅　④能量

（　）8.目前世界各國預測大地震的主要方法為？（答對可得 1 個👍）
　　　①架設 GPS　②使用人造衛星
　　　③使用海底偵測　④開放學者專家研究

（　）9.發生大地震時，我們通常採用比較複雜的地震矩地震規模（Mw），這種測定方式能把所有震動都考慮進去。請問地震後釋放出來的震波各有哪些種類？（答對可得 1 個👍）
　　　①P 波、Q 波　②P 波、S 波
　　　③S 波、Q 波　④M 波、P 波

延伸知識

1.**環太平洋地震帶**：圍繞太平洋且經常發生地震的地區，全長約四萬公里，呈馬蹄形。地球上 90% 的地震以及 81% 最強烈的地震都發生在這個地帶。

2.**地震預警系統**：運用地震偵測儀器，偵測一般人感受不到的微小地震 P 波，並依據偵測到的 P 波訊號進行分析、預估這個地震的強弱。如果預期是強烈地震，會立即發出警報。

3.**公共物聯網計畫**：政府分別在水、空、地、災四個面向，廣布物聯網感測儀器，藉由收集數據及開放物聯網資料，在地震來臨前，可迅速讓民眾以手機收到國家級警訊通知。

延伸思考

1. 你或家人是否經歷過 921 大地震？在這場嚴重的天然災害中，全台十萬多棟房屋全倒或半倒，建築法規也因而修改了房屋的耐震強度。請你查查，這項法規的內容大概是什麼呢？

2. 你聽過「智慧型建築防災技術」嗎？請查找資料，試著說明這個技術。

3. 地震險是一種財產保險形式，民眾可以在地震還沒發生前，向保險公司投保地震險，避免或減低因地震而導致的損失。你想為自己或家人投保地震險嗎？為什麼？

為垃圾找新生

生活中各種垃圾其實都有再次被利用的潛力，
一切就看你如何發揮創意！

撰文／邱育慈

年終大掃除時，家中總是清出不少垃圾，或是很久沒用的物品。趁著過年前，許多大包小包就被當做垃圾給清運走了。但是那些被我們丟棄的物品，真的只是無用的垃圾嗎？

用垃圾打造「廢棄之屋」

為了凸顯許多資源被浪費的問題，並宣傳永續發展的概念，英國布來頓大學在2014年時，使用許多生活中常見的垃圾蓋了一間「廢棄之屋」（見上圖）。那不是一棟臨時

建築，而是一間引人入勝、可以永久使用的房屋呢！

這棟房屋是由三百多位學生共同設計與建造，費時一年完成。大約有九成的建材是被丟棄的物品，像是地毯、牙刷，以及廢棄磚塊與木頭等。

遠遠看去，那似乎是一棟再普通不過的房子，但是如果靠近一點會發現，有著羽毛層疊外形的外牆，竟然是由剪裁過的地毯碎塊一一熔接而成。為了提升防潮功能，原本有防水加工的地毯背面，現在則是朝向外頭。牆壁裡的絕緣填充物則是常見的物品，包括了大約兩萬支牙刷、數千卷錄影帶、數千個光碟片塑膠外殼、兩公噸重的牛仔布料、腳踏車內胎等。

這棟房屋功能齊全，室內面積有 85 平方公尺（約為五分之一座籃球場），從地板到樑柱，都使用了回收的物品當建材，結構堅固。跟一般住家類似，裡頭有許多房間，內面牆壁則是用過的白色石膏板。主修工藝的學生，還找來了廢棄的木頭，裝飾出一座美輪美奐的樓梯。

▲外牆是由層層相疊的地毯，一片一片焊黏而成的。原本有防水功能的背面，現在則是朝外，提升防潮功能。

屋子裡無論是傢俱或設備，都是學生們使用回收來的物資重新設計而製成。透過慈善資源回收網，學生們找到很多適合的材料。他們想要提醒大眾：很多被丟棄的物品，其實是可以被賦予強大新生命的！

廢棄之屋的計畫負責人告訴英國《衛報》，希望大眾重新檢視運用物質的方式是否有所不妥。他說，目前建築業界都有大量丟棄物資的習慣，「應該要有更好的方式去儲存與利用多餘的建築廢料，而不是就把它們給扔了！」布來頓大學也向英國公共電視 BBC 表示，大約有五分之一的可用建材都被浪費了。

▲廢棄之屋的內裝也絲毫不馬虎，這些傢俱和設備，也都是撿來重新設計、改裝的喔！

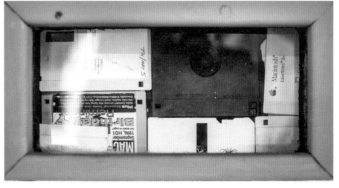

▲牆壁挖空處可以看到裡頭的絕緣填充物是早期電腦使用的磁碟片！你可能沒看過這東西呢！

這個團隊入選了 2015 年英國國家級史蒂芬勞倫斯建築獎的決選名單。入選簡介中寫著，廢棄之屋的科學基礎值得建築業界重視，也有足夠的政治分量去影響資源回收的政策。廢棄之屋將會持續提醒大家這個影響每個人的重要議題：垃圾再生。

回收跟不上開發的腳步

在發展中國家，也逐漸開始重視廢棄建材的再生使用。像是印度首都新德里政府，早就鼓勵許多相關單位，新開發的公共建設工程須採用至少 2% 的再生營建材料。2014 年 8 月，他們更把這比例調高為 10%。另外，根據統計，當地每天約可回收 4000 公噸的營建廢棄物，可惜的是，大部分都被棄置在掩埋場或者河流中，不僅汙染環境也浪費資源。

臺灣的資源回收已經施行多年，對於廢棄的建築材料，於 2005 年推動綠建材標章，鼓勵業界再利用。其中「再生綠建材」就是回收的材料經過再製而成的建材產品，並且符合廢棄物減量（Reduce）、再利用（Reuse）、再循環（Recycle）的 3R 原則。

其實，3R 原則在消費主義至上、地球資源被大量消耗的今日，已經阻擋不了許多資源的浪費。過去人類追求經濟成長，很多產品設計及製造是基於落伍的「搖籃到墳墓」（Cradle to Grave）思維，也就是自然資源被開採之後，就走上了加工、製造、使用、丟棄、汙染環境的單行道。

我們只有一個地球，而全球人口爆炸至 78 億的今日，消費需求快速成長，使得地球資源早就被過度開採。偏偏被開採出來的資源，因為使用後被不經意的丟棄，又快速的變成了垃圾。儘管有不少專家疾呼，必須減少生產及消費，才能有效減少廢棄物，但是工業革命之後，全球工業界為了維持大量生產，一直不惜以低價銷售策略來刺激消費。多年下來，廢棄物的處理讓許多國家都感到頭疼。

其中，進入數位時代後，電子廢棄物數量不斷攀升更是全球關注的議題。聯合國預測，全球電子廢棄物總量在 2018 年將會高達 5000 萬公噸。國際間雖然已經以聯合國巴塞爾公約呼籲有害廢棄物源頭減量，並倡議妥善管理有害廢棄物的跨國運送，但是 2015 年 5 月在瑞士日內瓦召開的會議中，卻還是沒有討論出該如何處理有毒廢棄物，公約的約束力仍嫌不足。國際環保人士擔憂，這將導致有心人士鑽漏洞。因為有些國家贊成把有毒的垃圾列為「可維修的設備」，如此就可以名正言順的運送到發展中國家。

最近十幾年來，在馬來西亞與中國已經出現很多來自已開發國家的電子產品二手零件市場，但也因為回收處理方式不佳，而造成當地環境汙染，更危害了拆解場勞工們的健康。另外一些更貧窮的非洲國家，例如迦納與奈及利亞，則變成了非法運送有害廢棄物的大垃圾場，當地居民的環境權與尊嚴被侵害，出現了「環境不正義」的局面。

電子廢棄物的跨國運輸

俄國
烏克蘭
巴基斯坦
歐盟地區
美國
南韓
日本
中國
印度
墨西哥
海地
埃及
阿拉伯地區
越南
奈及利亞
泰國
菲律賓
委內瑞拉
馬來西亞
巴西
肯亞
坦尚尼亞
新加坡
印尼
智利
阿根廷

● 確定的來源地
● 確定的接收地
● 可能的接收地

澳洲

從圖中可以發現，電子廢棄物都是從已開發國家（綠點）運送至開發中國家（紅點）。然而這些接收地區的回收處理方式不佳，容易汙染環境，對工人和附近居民的健康和安全也會造成損害。

愛物惜物，知福惜福

　　過去十幾年來，美國注重環保的生態建築師麥唐諾倡導「搖籃到搖籃」（Cradle to Cradle）的理念，希望大家在設計產品時能向大自然學習，體認到所有的物質都是養分，最後也可以回歸到大地。如此一來，透過工業循環，就能把可再利用的材質回收，製成新的產品。另外，由生物可分解材質所製造的物品，則可在使用之後，透過生物循環回到大自然中成為新的養分。

　　這種珍惜資源的想法，其實就是以前臺灣物資缺乏的年代裡，人們愛物惜物的精神。四、五十年前，常見到家庭主婦發揮巧思，把幾件小孩已穿不下的毛衣拆開變回毛線，再重新編織成新的衣服或者被單。她們還會把破掉的絲襪集合起來，編織成放在門口的踏腳墊。這些都是當今習慣了以採購新品取代舊物的人們，無法想像的事情吧！

　　愛物惜物，知福惜福，或許是老掉牙的口號，卻在英國的「廢棄之屋」計畫中，重新展現了智慧的光芒，讓人們體會到，若能真心相待使用過的物品，它們可以肩負更強大的使命，陪伴人類長遠的走下去。

作 者 簡 介

邱育慈　從事英語外電新聞及科學報導多年，喜好與人分享對環境與生命議題的思索，覺得最能紓緩壓力的方法是遛狗散步。

為垃圾找新生

高中自然科教師　趙思天

主題導覽

　　垃圾分類是每天在學校必須要做的事，回家也要持續進行垃圾分類與減量，而現在的垃圾不落地政策，目的就在減少垃圾量，增加焚化爐使用壽命。當每天固定的時間聽到「少女的祈禱」響起，你就知道垃圾車來了，得趕快到指定地點丟垃圾與回收物品。

　　除了做好垃圾減量與回收，這篇文章中的「廢棄之屋」，則是進一步使用回收的物品當作建材，讓垃圾有了「第二人生」。閱讀完文章後，你可以利用「關鍵字短文」和「挑戰閱讀王」了解自已對這篇文章的理解程度，還可以想想看，有哪些為垃圾找新生的好點子！

關鍵字短文

　　〈為垃圾找新生〉文章中提到許多重要的字詞，試著列出幾個你認為最重要的關鍵字，並以一小段文字，將這些關鍵字全部串連起來。例如：

關鍵字： 1. 廢棄物　2. 資源回收　3. 垃圾分類　4. 綠建材　5. 綠建築

短文： 臺灣每年產生的工程廢棄物何其多，其中不乏任意傾倒與棄置，如果業者可以重視廢棄物的循環週期，落實資源回收與垃圾分類的精神，便能減少許多環境問題。政府也應該列管這些廢棄物，實施綠建材管理，並鼓勵民間企業開發與使用綠建材、打造綠建築。

關鍵字： 1.＿＿＿＿　2.＿＿＿＿　3.＿＿＿＿　4.＿＿＿＿　5.＿＿＿＿

短文： ＿＿＿＿＿＿＿＿＿＿＿＿＿＿＿＿＿＿＿＿＿＿＿＿＿＿＿＿＿＿＿

＿＿＿＿＿＿＿＿＿＿＿＿＿＿＿＿＿＿＿＿＿＿＿＿＿＿＿＿＿＿＿＿＿＿＿＿

＿＿＿＿＿＿＿＿＿＿＿＿＿＿＿＿＿＿＿＿＿＿＿＿＿＿＿＿＿＿＿＿＿＿＿＿

＿＿＿＿＿＿＿＿＿＿＿＿＿＿＿＿＿＿＿＿＿＿＿＿＿＿＿＿＿＿＿＿＿＿＿＿

挑戰閱讀王

看完〈為垃圾找新生〉後，請你一起來挑戰以下題組。

答對就能得到 👍，奪得 10 個以上，閱讀王就是你！加油！

☆臺灣資源回收已經施行多年，對於廢棄的建築材料，也鼓勵業界再利用。其中「再生綠建材」就是回收的材料、經過再製而成的建材產品，並且符合環保 3R 原則。

( )1.所謂的環保 3R 原則，不包含下列哪個選項？（答對可得 1 個 👍）
　　①減量　②再利用　③再循環　④再製造

( )2.我國對於廢棄的建築材料，持續推動專用標章，請問是下列哪個標章呢？
　　（答對可得 2 個 👍）
　　①綠建材標章　②環保標章　③節能標章　④正字標記

☆過去十幾年來，美國注重環保的生態建築師麥唐諾倡導「搖籃到搖籃」的理念，希望大家在設計產品時能向大自然學習，體認到所有的物質都是養分，最後也可以回歸到大地。

( )3.過去人類追求經濟成長，很多產品設計走上加工、製造、使用、丟棄、汙染環境的單行道。請問這是何種思維呢？（答對可得 1 個 👍）
　　①從搖籃到墳墓　②從墳墓到墳墓　③從搖籃到搖籃　④從墳墓到搖籃

( )4.請問設計產品時，透過循環，將材料進行回收再利用，此過程稱為？
　　（答對可得 1 個 👍）
　　①從搖籃到墳墓　②從墳墓到墳墓　③從搖籃到搖籃　④從墳墓到搖籃

☆進入數位時代後，電子廢棄物數量不斷攀升，聯合國《2020 年全球電子廢棄物監測》報告顯示，2019 年全球電子垃圾量創新高，高達 5360 萬公噸，在短短五年內增長了 21%。

( )5.請問國際間目前以聯合國哪項公約，呼籲有害廢棄物源頭減量，並倡議妥善管理有害廢棄物的跨國運送？（答對可得 2 個 👍）
　　①凡爾賽公約　②巴塞爾公約　③巴黎公約　④日內瓦公約

（　）6.關於 2015 年在瑞士日內瓦召開的會議中，並未討論出該如何處理有毒廢
棄物，下列何者不是主要原因？（答對可得 2 個👍）

①公約的約束力仍嫌不足

②國際環保人士擔憂，有心人士會鑽漏洞

③有些國家贊成把有毒的垃圾列為「可維修的設備」

④氣候變遷快速

（　）7.最近十幾年來，在馬來西亞與中國出現很多來自「已開發國家」的電子產
品二手零件市場，請問這造成什麼影響？（多選題，答對可得 2 個👍）

①由於回收處理方式不佳，造成當地環境汙染

②危害了拆解場勞工們的健康

③促進環境正義

④非洲國家成為非法運送有害廢棄物的大垃圾場

延伸知識

1. **焚化爐發電**：目前臺灣有 24 座大型垃圾焚化廠，平均營運期已達 20 年，主要以機械式爐床為主，焚化產生的熱能可製造高壓蒸氣並帶動渦輪旋轉，產生電能並賣給電力公司，達到資源回收目的。環保署表示，108 年全台焚化爐處理國內廢棄物約 650 萬公噸，運轉總發電量 34.59 億度，平均每燒一公噸垃圾能產生 530 度電。

2. **事業廢棄物**：事業廢棄物為企業營運過程中產生或製造的垃圾。這些垃圾通常無法進入焚化爐中，只好使用掩埋的方式處理；然而在掩埋過程中，由於不當處理，造成掩埋現場的廢棄物流出，以至於汙染了鄰近場域，若是有工廠或是農田，甚至會造成二度汙染，影響人類健康。

3. **零廢棄生活**：也就是在日常生活中不產出垃圾，核心概念為簡化生活，不過度浪費、只購買必需品、減少垃圾產生及減少回收，盡量不使用（不購買）一次性產品、使用二手物品、天然取材、自製等各種方式，實踐零廢棄生活，進而達到永續發展及環境保護的目標。

延伸思考

1. 我們現在居住的房屋，是用許多建材（磚、瓦、水泥、鋼筋等）建造，一旦面臨拆除的命運時，產生的廢料將丟棄去哪裡？它們屬於可回收或不可回收垃圾？

2. 再生綠建材對事業廢棄物減量有很大的幫助，如果未來居住的房屋全數改成再生綠建材，這麼做好嗎？請搜尋相關資料，並說說你的看法。

3. 生活中有很多物品的製造過程並不容易，如果在把它當作垃圾丟棄前，運用一些巧思，就能替環保帶來貢獻。請你想一想怎麼「為垃圾找新生」，並與朋友分享。

 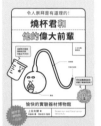

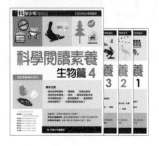  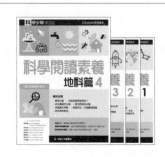

解答

移民火星
1.②　2.③　3.③　4.④　5.②　6.④　7.③　8.②④　9.②

太空垃圾何去何從？
1.③　2.②　3.④　4.②③　5.②　6.②　7.①③　8.④　9.②③

古文裡的天文學
1.②　2.③　3.③　4.④　5.②　6.②　7.③　8.②④　9.①②

熱力四射的太陽
1.②　2.③　3.①③④　4.④　5.②③　6.④　7.③　8.②　9.②

水資源大作戰
1.④　2.③　3.②　4.④　5.④　6.④　7.①　8.①　9.③　10.②

終極天災：大地震與海嘯
1.①　2.②　3.②　4.②　5.③　6.③　7.①　8.①　9.②

為垃圾找新生
1.④　2.①　3.①　4.③　5.②　6.④　7.①②④

科學少年學習誌
科學閱讀素養◆地科篇 4

編者／科學少年編輯部
封面設計／趙璦
美術編輯／沈宜蓉、趙璦
資深編輯／盧心潔
科學少年總編輯／陳雅茜

發行人／王榮文
出版發行／遠流出版事業股份有限公司
地址／臺北市中山北路一段 11 號 13 樓
電話／ 02-2571-0297　傳真／ 02-2571-0197
郵撥／ 0189456-1
遠流博識網／ www.ylib.com　電子信箱／ ylib@ylib.com
ISBN ／ 978-957-32-8937-1
2021 年 4 月 1 日初版
2022 年 6 月 13 日初版二刷
定價 ‧ 新臺幣 200 元

國家圖書館出版品預行編目

科學少年學習誌:科學閱讀素養.地科篇4/科學少
年編輯部編.--初版.--臺北市:遠流出版事業股份
有限公司,2021.04-
88面；21×28公分.
ISBN978-957-32-8937-1（第4冊:平裝）

1.科學2.青少年讀物
308　　　　　　　　　　　　109021468